Les marées vertes

40 clés pour comprendre

Collection *Clés pour comprendre*

Les tortues marines
70 clés pour comprendre
Jérôme Bourjea, Hendrik Sauvignet, Stéphane Ciccione, 2017, 112 p.

Les huîtres
60 clés pour comprendre
Marie Lescroart, 2017, 112 p.

Les étoiles de mer et leurs cousins
80 clés pour comprendre
Coralie Taquet, Marc Taquet, 2016, 148 p.

Quel est le meilleur chocolat ?
90 clés pour comprendre le chocolat
Michel Barel, 2015, 136 p.

Les sols ont-ils de la mémoire ?
80 clés pour comprendre les sols
Jérôme Balesdent, Étienne Dambrine, Jean-Claude Fardeau, 2015, 176 p.

Faut-il sentir bon pour séduire ?
120 clés pour comprendre les odeurs
Roland Salesse, 2015, 200 p.

Éditions Quæ
RD 10
78026 Versailles Cedex, France
www.quae.com

ISBN 978-2-7592-2553-8
ISSN 2261-3188

Alain Ménesguen

Les marées vertes ?

40 clés pour comprendre

Éditions Quæ

Accumulation d'algues vertes sur côte rocheuse

En dehors des aspects scientifiques, certaines opinions exprimées ici sont celles de l'auteur et n'engagent pas l'Ifremer.

Table des matières

Ramassage d'ulves échouées sur la plage de Saint-Michel-en-Grève

Préface

À la fois abondante et précieuse, l'eau entretient avec la Bretagne des liens historiques, culturels, symboliques mais aussi économiques profonds, qu'il s'agisse de ses sources, de ses rivières ou de la mer bordant ses côtes. De ce fait, tout questionnement important lié à l'eau constitue rapidement, selon le terme de l'anthropologue Marcel Mauss, un « fait social total », qui mobilise des connaissances mais aussi des sensibilités, des attachements, des perceptions de multiples acteurs aux intérêts parfois antagonistes.

En outre, la complexité des phénomènes liés à l'eau, qu'il s'agisse de son abondance ou de sa qualité, nécessite pour les comprendre de faire appel à une grande diversité de disciplines, physico-chimiques, biologiques et écologiques mais aussi économiques et sociales, qui ne fournissent que des éléments de compréhension partiels et, comme toute connaissance scientifique, susceptibles d'évoluer. De ce fait, intégrer ces éléments de connaissance dans un schéma global cohérent constitue une « prise de risque » susceptible d'être doublement critiquée : par la communauté scientifique, dont certains spécialistes d'un processus particulier jugeront qu'il n'a pas été pris en compte avec la finesse nécessaire ; par les acteurs sociaux concernés, et surtout « dérangés » par cette démarche, qui pourront prétendre que cette représentation du phénomène que propose la science constitue un exercice académique respectable mais éloigné de la réalité.

Dans un tel contexte, cette préface se veut un hommage. En effet, dès la fin des années quatre-vingt, Alain Ménesguen, avec quelques collègues, a accepté de quitter la relative quiétude de ses travaux de modélisation mathématique de divers processus biologiques pour se plonger dans la complexité du phénomène de prolifération des algues vertes sur les côtes bretonnes, apparu dans les années soixante-dix, et en rechercher les racines sur la terre ferme.

Plus de vingt ans après ses premières publications, j'ai été amené, sur saisine ministérielle, à me pencher sur ses travaux, dans un contexte où leur principale conclusion, le rôle prédominant des flux de nitrates liés aux activités agricoles et d'élevage, était fortement —et bruyamment— contesté par certains acteurs. J'ai pu apprécier combien, dans ce climat polémique, il avait, avec rigueur et patience, amélioré progressivement ses modèles, intégré de nouveaux processus, pris en compte une diversité de situations et accepté que cette démarche puisse éventuellement remettre en cause ses premières conclusions. Ceci en ne refusant pas la confrontation dans diverses enceintes —à condition qu'elle se fasse sur le terrain scientifique— et en s'impliquant dans la diffusion de ses connaissances, comme le montre cet ouvrage, dont le caractère concis ne doit pas masquer l'ampleur des travaux ayant permis d'élaborer les « 40 clés » qu'il propose.
Avec le recul, on mesure en effet combien les premiers modèles de la fin des années quatre-vingt, contraints par les capacités de l'informatique de cette époque, donc à maille spatiale très grande et n'intégrant que quelques variables, étaient simplificateurs, et de ce fait fragiles, comme l'étaient les premières modélisations du climat mondial.
Car c'est ainsi que la science progresse : contrairement aux idéologies, la connaissance scientifique se veut réfutable, c'est à la fois sa modestie et sa grandeur. Alain Ménesguen en a été un serviteur exemplaire, puisse cet ouvrage donner envie aux lecteurs de devenir à leur tour acteur de cette aventure de la connaissance.

Bernard Chevassus-au-Louis
Inspecteur général honoraire de l'Agriculture

Remerciements

Je remercie en premier lieu mon ancien collègue de l'Institut français de recherche pour l'exploitation de la mer (Ifremer) Jean-Yves Piriou, avec qui j'ai mené les recherches sur les marées vertes durant les années 90 et qui, depuis, n'a jamais cessé de rappeler les résultats des études scientifiques.

Je remercie aussi les scientifiques du Centre d'étude et de valorisation des algues (Ceva), notamment Patrick Dion, Thierry Perrot et Sylvain Ballu, dont les suivis régionaux et les études fouillées de sites à marées vertes ont accumulé un ensemble très important de faits étayant le discours scientifique.

On ne peut pas évoquer le phénomène de marées vertes en Bretagne sans rendre hommage au demi-siècle de combat des associations de défense de l'environnement : elles ont inlassablement fait connaître les causes et les dangers de cette forme d'eutrophisation* et ont fait bouger les rapports de force sociétaux.

Je remercie enfin l'Inspecteur général de l'Agriculture Bernard Chevassus-au-Louis, qui a bien voulu préfacer cet ouvrage, pour la remarquable rigueur déontologique avec laquelle il a mené en 2012 la mission d'audit national évaluant les connaissances scientifiques sur les causes de prolifération de macroalgues vertes.

Ce livre sur les marées vertes doit beaucoup à toutes ces personnes ainsi qu'à celles qui ont accepté de fournir bénévolement certaines des illustrations utilisées, notamment l'association Baie de Douarnenez Environnement.

Échouage d'algues vertes en baie de Douarnenez

Avant-propos

La Bretagne est familière des « marées astronomiques », oscillations périodiques naturelles du niveau de la mer créées principalement par les mouvements relatifs de la Lune, du Soleil et de la Terre. Mais elle a aussi été le témoin de plusieurs naufrages de pétroliers, qui ont causé l'arrivage successif sur ses côtes de nappes d'hydrocarbures. En 1967, alors qu'était attendue le 27 mars la plus grande marée du XXe siècle, la catastrophe du *Torrey Canyon* du 18 mars inspira à un journaliste du *Télégramme* de Brest l'expression « marée noire » pour qualifier cet énorme engluement de la côte par le pétrole visqueux et noirâtre, qui venait recouvrir l'estran comme l'eau à marée montante.
Quatre ans plus tard, en juillet 1971, le maire de Saint-Michel-en-Grève, dans les Côtes-d'Armor, signalait à son conseil municipal « la pollution de toute la côte par les algues vertes ». Il rappelait que : « les plages avaient été nettoyées entre le 18 et 28 juin 1971 et que pendant cette période, 6600 mètres cubes d'algues vertes avaient été enlevées. Cette pollution, apportée par la mer, était susceptible de dénaturer et de troubler foncièrement l'utilisation normale des plages et l'aspect des sites ».

C'est alors que, par analogie avec les échouages d'hydrocarbures, a été créée l'expression « marées vertes », pour qualifier l'engluement des plages par une suspension d'algues vertes de type « laitue de mer », également apportée par la mer montante dès le printemps, et abandonnée comme une souillure sur l'estran à marée descendante.
Même lieu d'apparition (la Bretagne Nord), même impression d'envahissement visqueux des côtes apporté par la marée, même effet d'atténuation des vagues arrivant à la côte, la noire précédant la verte d'une ou deux années… tout portait certains à croire que la marée noire était la cause de la verte, alors qu'il n'y a pourtant rien de commun quant à la formation et le devenir de ces « marées » noires et vertes ! Alors que les « marées noires » sont une pollution chimique accidentelle toxique issue d'un déversement en mer de substances dont la masse totale va diminuer inexorablement plus ou moins lentement par dégradation, les « marées vertes » sont une réponse du milieu marin vivant à une pollution chimique chronique non toxique venue des bassins versants côtiers, dont la masse se reconstitue chaque année grâce à une phase printanière de croissance, suivie d'une phase automnale de régression.
Comme le disaient les Bigoudènes du dessinateur Nono, un peu de science (et donc quelques scientifiques) pourrait aider à mieux comprendre tout cela : c'est l'objet de ce petit ouvrage.

Dessin de Joël Auvin dit Nono

Chinois se baignant dans la marée verte de Qingdao (Chine)

Les marées vertes dans le monde, d'hier à aujourd'hui

1 Où trouve-t-on des marées vertes dans le monde (hors de France) ?

En général constituées exclusivement d'algues vertes (chlorophycées*), plus rarement en mélange avec des algues brunes (phéophycées) ou rouges (rhodophycées), les proliférations de macroalgues vertes sont largement répandues dans le monde, où l'on recensait, à la fin du XXe siècle, 137 sites de prolifération macroalgale.

En Asie, le site phare depuis 2008 est la baie de Qingdao (Chine), site largement ouvert sur la mer Jaune, dans lequel s'accumule en juin environ un million de tonnes de la chlorophycée *Ulva prolifera*. Ces algues ont en fait poussé à 400 kilomètres plus au sud, sur des supports récemment implantés pour la culture d'algues rouges comestibles *Pyropia* (par exemple, *Pyropia yezoensis*), d'où elles ont été arrachées lors d'opérations de nettoyage, devenant des algues dérivantes, dont le trajet en surface a pu être suivi sur des images satellitaires de couleur de l'eau.

En Europe, la lagune de Venise a été le site semi-fermé le plus touché jusqu'en 1990, produisant une biomasse évaluée à 550 000 tonnes en 1987, mais qui a diminué par la suite en raison d'une augmentation de turbidité créée par le dragage.

En Méditerranée, mer pauvre en nutriments* (oligotrophe), la prolifération de macrophytes n'est en effet observée qu'en deux types de sites. Le premier type, situé au débouché de certains fleuves drainant des bassins versants très agricoles, compte en plus de la lagune de Venise, la lagune Sacca di Goro au sud du delta du Pô et l'estuaire du Palmones en Andalousie. Le second type rassemble des secteurs côtiers enrichis par des rejets industriels et urbains : en Grèce, la baie de Kalloni, le golfe de Thessalonique et le golfe de Pagassitikos, en Tunisie, le lac de Tunis, du moins avant son aménagement en 1985. En Europe du Nord, en dehors de la France, des marées vertes de moindre ampleur occupent surtout des zones estuariennes comme Langstone Harbour, près de Southampton au Royaume-Uni ou l'estuaire de l'Eurajoki sur la côte finlandaise du golfe de Bothnie, quelques fjords comme l'Odense Fjord au Danemark, ou des zones semi-fermées, telle la Veerse Meer aux Pays-Bas, mais aussi des plages comme celles proches de Cork, dans le Sud-Ouest de l'Irlande.
Le continent américain a aussi ses marées vertes. Dès les années 50, de gros échouages d'algues vertes ont été observés dans le Nord-Est de Cuba. En Martinique, les anses d'Arlet et la baie de Sainte-Luce connaissent depuis les années 90 des proliférations d'algues vertes au droit de petits rejets urbains. Aux États-Unis, sur la côte est, la baie de Narragansett, près de

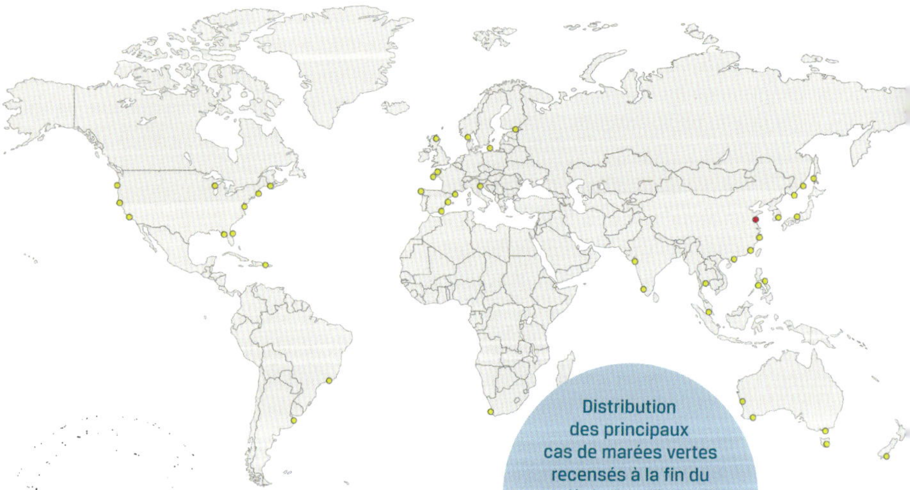

Distribution des principaux cas de marées vertes recensés à la fin du XXe siècle. Le point rouge correspond à la plus importante, observée en Chine (d'après Ye *et al.*, 2010)

Algues vertes dans la lagune de Sacca di Goro (Italie)

New York, et sur la côte ouest, les rivages du détroit de Juan de Fuca et du Puget Sound, près de Seattle, connaissent depuis longtemps des marées vertes, mais d'ampleur limitée. En revanche, elles sont récemment apparues, notamment en 2014, sur les plages de Monterey Bay (Californie) avec une ampleur comparable à celles de Bretagne. Là, comme en baie de Paracas au sud de Lima (Pérou), un éventuel lien avec un apport naturel de nutriments océaniques par *upwelling** a été invoqué, mais sans preuve.

L'Australie, enfin, n'est pas épargnée. Depuis les années 60, avec un pic de 1969 à 1975, puis un affaiblissement ensuite, la baie d'Austin et le Peel Inlet, zones semi-encloses au sud de Perth (Sud-Ouest de l'Australie) ont connu des échouages de *Cladophora* filamenteuses.

2 Où trouve-t-on des marées vertes en France ?

Comme la lagune de Venise, certains sites marins français, très enclavés, peu profonds et très enrichis, s'avèrent favorables à des proliférations d'algues vertes. Ainsi, certaines lagunes méditerranéennes qui recevaient les effluents urbains de Montpellier (étangs palavasiens du Prévost et du Méjean) sont encore tapissées d'ulvacées* en été. Le fond du bassin d'Arcachon a aussi connu des échouages massifs d'ulvacées (environ 20 000 tonnes[1] pour l'ensemble du bassin en 1992 et 1993).
Mais la spécificité française réside dans ses marées vertes de la côte de Manche-Atlantique, qui parviennent à s'accumuler sur des sites largement ouverts vers le large et balayés deux fois par jour par un important va-et-vient d'eau créé par la marée. Les côtes de Bretagne subissent la plus forte atteinte (de l'ordre de 100 000 à 200 000 tonnes[2] pour l'ensemble du littoral breton en juillet), massivement sur plages sableuses et estuaires sablo-vaseux en Bretagne Nord, mais plutôt sur grandes vasières en Bretagne Sud.
C'est en Bretagne Nord qu'a été créée l'appellation « marée verte » car les algues impliquées étaient vertes, essentiellement des chlorophycées du genre *Ulva*. Mais il faut noter aussi la présence croissante de « marées brunes » de *Pylaiella littoralis* en baie de la Fresnaye et de Saint-Brieuc (Côtes-d'Armor) et d'*Ectocarpus silicosus* en baie de Douarnenez, ainsi que la formation tous les étés d'une « marée brun-rouge » de *Falkenbergia rufolanosa* en baie de Goulien, en presqu'île de Crozon (Finistère). Présentes surtout en Bretagne jusqu'en 2000, les marées vertes se sont étendues progressivement à la Normandie, en particulier en baie de Seine (Grandcamp et baie des Veys), mais aussi à l'ouest du Cotentin (Avranches). Elles gagnent également la Vendée (Noirmoutier, Ré), sous une forme plurispécifique (algues vertes d'arrachage mêlées à des algues brunes et rouges).
L'Ouest de la France a bénéficié depuis près de 40 ans d'un effort croissant de cartographie quantitative des échouages. Sur un plan semi-quantitatif, le recensement par voie d'enquête des tonnages collectés annuellement par toutes les communes littorales permet depuis 1978 au Centre d'étude et de valorisation des algues (Ceva) de Pleubian (Côtes-d'Armor)

1. poids frais égoutté
2. poids frais égoutté

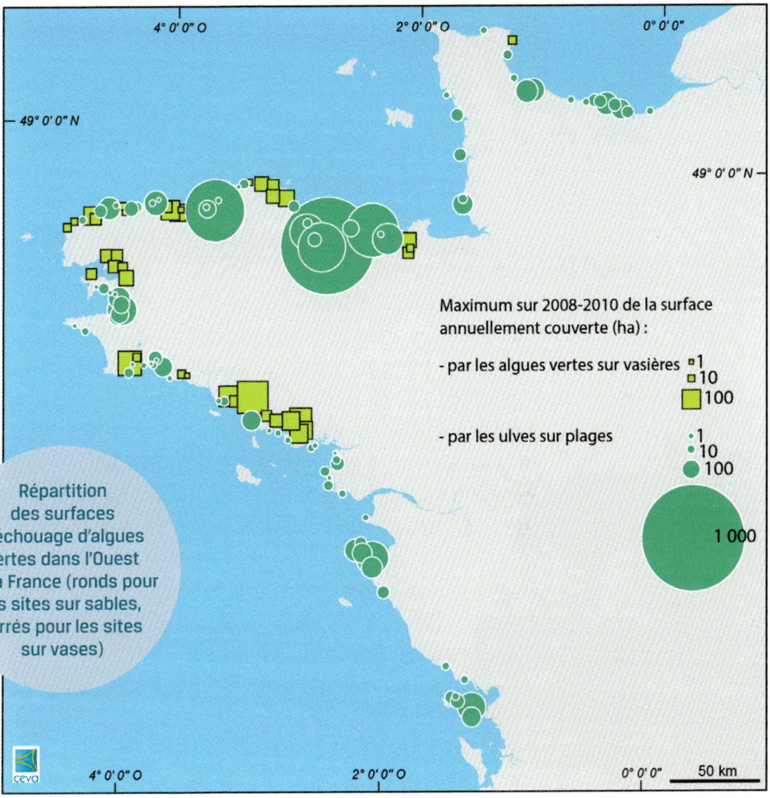

Répartition des surfaces d'échouage d'algues vertes dans l'Ouest de la France (ronds pour les sites sur sables, carrés pour les sites sur vases)

d'évaluer l'impact administratif et financier direct des marées vertes. Une approche quantitative rigoureuse a, par ailleurs, été progressivement mise en place depuis 1988 par l'Ifremer et le Ceva. Couplant photographie aérienne et vérité-terrain simultanée sur les principaux sites, elle permet désormais au Ceva d'établir, depuis la mise en place en 2007 d'un réseau de contrôle de surveillance pour la Directive cadre sur l'Eau, la répartition des surfaces d'échouage sur tout le littoral du Grand-Ouest à au moins trois dates dans l'année (mai, juillet, septembre), voire d'estimer la biomasse présente sur quelques grands sites jusqu'à sept fois par an. Il est frappant de constater que, pour la Bretagne, ces approches administratives et scientifiques fournissent deux images très concordantes de la répartition géographique des marées vertes, grossièrement stable en valeur relative depuis 1988.

3 Quelle est la plus grande marée verte du monde ?

Le titre peu envié de « plus grand site mondial de marée verte » a changé de titulaire au cours du siècle écoulé. Bien qu'on ne dispose pas d'évaluation quantitative précise avant le dernier quart du XXe siècle, on peut raisonnablement penser que les scientifiques ont successivement focalisé leurs études sur les sites emblématiques de leur époque. On notera ainsi que la première description de prolifération anormale d'algues vertes a été faite au début du XXe siècle sur les vasières de la baie de Belfast, dans la zone de déversement des rejets urbains de la ville. On verra apparaître dans les années 70, les grandes lagunes méditerranéennes, pour lesquelles le terme de « marée » verte peut paraître inapproprié puisque ces lagunes sont le siège d'une marée astronomique très faible : le lac de Tunis, puis la lagune de Venise. Celle-ci, avec une biomasse de 600 000 tonnes de poids frais égoutté, évaluée dans les années 80, a sans doute gagné le titre de « plus grand site de prolifération d'algues vertes du monde » à la fin du XXe siècle. Ce record de biomasse n'a pas duré en raison de

Ulves dans la lagune de Sacca di Goro (Italie)

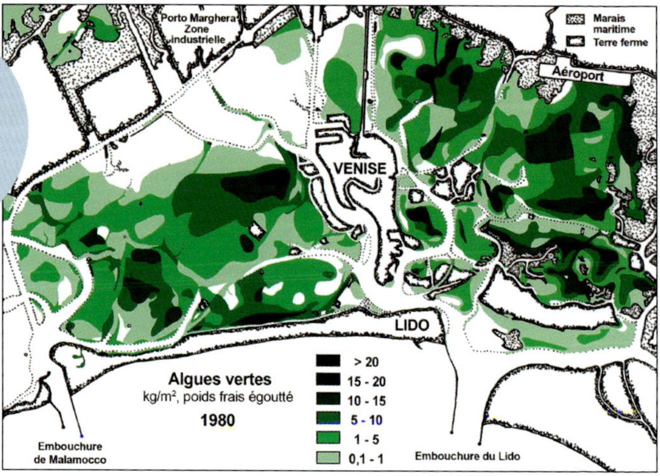

Répartition des algues vertes dans la lagune de Venise en 1980 (d'après Sfriso et Facca, 2007)

l'augmentation du dragage ayant généré un obscurcissement de l'eau. Depuis 2007, la Chine a pris la première place, cette fois en mer ouverte, en raison de la modification soudaine par l'homme de la bande côtière de la mer Jaune méridionale, enrichie par le panache de dilution du Yang-tsé-Kiang. L'introduction de vastes supports de culture d'algues rouges sur un estran naturellement impropre à l'installation d'ulvacées a créé un habitat propice à la fixation des jeunes ulves. Ces dernières le quittent, après arrachage par les courants ou l'homme, pour continuer leur croissance sous forme dérivante en pleine eau. La séparation des lieux de germination (côte du Jiangsu), de croissance (mer Jaune) et d'échouage (Qingdao), a probablement magnifié les capacités de production du site, en minimisant l'auto-limitation en lumière et nutriments créée par le confinement de la biomasse en croissance sur un site moins vaste. La biomasse accumulée sur le rivage de Qingdao peut alors atteindre le million de tonnes de poids frais égoutté !

Marée verte contre JO !

Lors des Jeux olympiques de Pékin en 2008, la Chine avait prévu d'organiser les épreuves de voile devant les plages de Qingdao, dans la province du Shandong. La marée verte observée depuis 2005 à cet endroit, a pris cette année-là une telle ampleur (15 000 kilomètres carrés), que 10 000 hommes ont dû être déployés, pour récolter 170 000 tonnes d'algues. Le coût de ce chantier a été évalué à 23 millions d'euros, sans compter les 77 millions de pertes pour les fermes aquacoles voisines. Depuis, le site de Qingdao a vu empirer encore la situation, avec des surfaces occupées et des biomasses quasiment doublées en 2013 et 2015.

Ramassage par l'armée chinoise des algues vertes encombrant le site des JO de Qingdao en 2008

4 Depuis quand y a-t-il des marées vertes ?

La prolifération et l'accumulation anormales de chlorophycées sont une conséquence d'un apport soudain et anormalement élevé de nutriments, surtout azotés, dans des eaux côtières peu profondes et relativement confinées. Cette perturbation marine littorale causée par un apport continental est quasiment toujours la conséquence de l'activité humaine.

Avant la Seconde Guerre mondiale, quand l'agriculture ne connaissait pas encore l'intensification et ses apports massifs d'engrais de synthèse, seuls les rejets urbains étaient capables de produire un flux important de nutriments. Il n'est donc pas étonnant que les plus anciennes signalisations de marées vertes aient eu lieu au débouché des exutoires des eaux usées non traitées des grandes agglomérations. En plus du cas de Belfast, étudié en 1911 par Letts et Richards, on pourra citer celui du port d'Alexandrie, le port de Hobart, en Tasmanie, le port de Portsmouth dans le Sud de l'Angleterre.

La Bretagne montre bien l'effet d'un changement profond, après la Seconde Guerre mondiale, de la provenance et de l'abondance des apports nutritifs des fleuves. En 1952, une photo aérienne en noir et blanc faite par l'IGN au-dessus de Saint-Brieuc montre, à marée basse, de petits dépôts d'algues aux formes dendritiques caractéristiques des ulves échouées, mais limités à l'ouest, dans la filière d'écoulement sur l'estran du Gouët, fleuve côtier qui recevait surtout à l'époque les rejets urbains de la ville de Saint-Brieuc. Les photos IGN du même site en 1966, puis en 1986, montrent l'extension du phénomène, et surtout son déplacement vers l'est, dans les eaux enrichies par le Gouessant, issu d'un bassin agricole devenu très intensif.

Si elles ont donc commencé en Bretagne dès les années 50, les marées vertes n'ont vraiment été médiatisées qu'à partir de 1968 en baie de Lannion, de 1972 en baie de Saint-Brieuc, de 1979 en baie de Douarnenez, et de 1980 en baie de Concarneau. Ces dates indiquent le moment où les marées vertes sont devenues une véritable gêne pour les riverains. Le début du ramassage sur les plages indique le moment où la gêne a nécessité un traitement curatif par les pouvoirs publics : 1973 en baies de Lannion et de Saint-Brieuc, 1980 en baie de Douarnenez, 1981 en baie de Concarneau. Ces marées vertes caractéristiques de Bretagne apparaissent au débouché de petits fleuves côtiers, drainant des bassins versants généralement peu urbanisés, mais en revanche, soumis à une intensification considérable de l'élevage et de l'agriculture dès les années 50.

Le cas récent de la Chine montre de façon originale et saisissante l'importance de l'intervention humaine dans l'apparition de marées vertes. Pratiquement insoupçonnées encore au début des années 2000, les populations d'ulves du littoral de la mer Jaune ont soudainement proliféré dès que l'homme a implanté, dans une zone enrichie non confinée, des structures solides capables de fournir un support aux ulves en croissance. En libérant des fragments de thalles* dérivants, les pratiques de nettoyage des structures d'élevage ont permis l'amplification et l'exportation de la biomasse ainsi créée.

5 Quelles sont les espèces macroalgales capables de proliférer massivement ?

Les espèces proliférantes appartiennent principalement à la classe des algues vertes (chlorophycées). Les plus impliquées appartiennent aux genres appelés jusqu'en 2000 *Ulva* (en lame) et *Enteromorpha* (en lanière), aujourd'hui rassemblés dans l'unique genre *Ulva*. En Martinique, il s'agit de formes en lanière, de même qu'en mer Jaune (*Ulva prolifera*). En Bretagne, les ulves en forme de « laitue de mer » (présentant un thalle en

Principales algues proliférantes. a/ *Ulva* sp.; b/ *Cladophora* sp.; c/ *Pylaiella littoralis*; d/ *Sargassum natans*

lame) appartiennent essentiellement aux espèces *U. armoricana* et *U. rotundata*, alors que les lagunes méditerranéennes sont favorables aux *U. rigida*. Plusieurs espèces d'ulves à thalle en ruban (en forme d'intestin) colonisent les supports durs (quais, parcs à huîtres...). Sans qu'on sache pour l'instant vraiment pourquoi, certains sites comme la baie de la Fresnaye (Bretagne) ou le bassin d'Arcachon ont produit certaines années des accumulations d'*Ulvaria*, genre voisin d'*Ulva*, au thalle en lame vert sombre, mais constitué d'une seule couche de cellules, alors que les *Ulva* en ont deux. Enfin, très différente des précédentes, la chlorophycée *Cladophora* (en touffes de fils verdâtres) peut proliférer sur certains sites avant que ne s'y installent vraiment les marées vertes à ulvacées.

Les algues vertes ne sont pourtant pas les seules capables de prolifération et d'accumulation en zone enrichie. Parmi les algues rouges (rhodophycées), *Gracilaria* spp. est connue pour proliférer dans les étangs méditerranéens (Languedoc, Catalogne). De même, une algue brune (phéophycée) ectocarpale, *Pylaiella littoralis*, décrite sous sa forme libre proliférante d'abord dans le Massachussetts, abonde souvent en mer Baltique et semble gagner plusieurs sites de Bretagne (baies de la Fresnaye et de Saint-Brieuc), de même qu'une autre ectocarpale filamenteuse, *Ectocarpus silicosus* (baie de Douarnenez) : toutes deux provoquent des « marées brunes » les années de moindre enrichissement nutritif. On observe classiquement une séquence d'apparition des macroalgues proliférantes en fonction du degré d'enrichissement : gracilaires et/ou cladophores, ectocarpales, ulves.

En 2011, un genre d'algue brune a rappelé soudainement sa capacité à créer de très massives « marées dorées » : il s'agit de la sargasse de la zone caraïbe. Décrites jusqu'à présent comme formant des agrégats flottants dans la zone océanique de la mer des Sargasses, sans doute à partir de populations fixées dans le golfe du Mexique, les espèces *Sargassum natans* et *S. fluitans* tendent depuis 2010 à s'échouer en masse sur les côtes des Antilles (58 000 tonnes de poids sec en 2014) et de la Guyane. D'une zone d'accumulation localisée au nord-est du Brésil, où leur croissance serait stimulée par le récent enrichissement nutritif du fleuve Amazone, ces algues pourraient dériver vers l'arc antillais au gré du courant circulaire nord-équatorial et des vents. En 2011, d'importants échouages de sargasses ont aussi été observés en Afrique de l'Ouest, sur les plages du Ghana et de Sierra Leone, ce qui n'avait jamais été observé auparavant.

La plage de Kersiguénou située au centre de l'anse de Dinan, en presqu'île de Crozon (Finistère), présente depuis longtemps un cas unique de « marée rouge » à *Falkenbergia rufolanosa*, très atypique. Indiscutablement visible déjà sur une photo aérienne en noir et blanc d'août 1919, elle se présente en fin d'été comme une suspension dense de « pompons » rose sombre concentrée dans la zone de déferlement des vagues, dont une partie s'échoue à marée descendante, formant d'impressionnants tapis entrant rapidement en décomposition. Ces « pompons » constituent en fait l'une des formes – dénommée tétrasporophyte* – d'une algue rouge à alternance de phases* dont l'autre forme plus classique – le gamétophyte* – est connue sous le nom d'*Asparagopsis armata*. Originaire d'Australie ou de Nouvelle-Zélande, cette espèce semble avoir été introduite accidentellement en Europe au début du XXe siècle, à l'occasion d'un transfert d'huîtres. Présente aujourd'hui de la Méditerranée jusqu'au nord du Royaume-Uni, cette espèce reste discrète et n'a pas vraiment montré de caractère envahissant. La « marée rouge » exceptionnelle rencontrée à l'ouest du Finistère, dans une baie très peu enrichie en nutriments, résulterait plutôt d'une accumulation passive de pompons arrachés en fin d'été sur les fonds avoisinants, charriés par les courants de marée, le long de trajectoires convergeant vers le centre de cette baie. À l'appui de cette hypothèse (formulée par l'auteur), on peut citer l'abondance, parmi les algues rouges échouées, de coquilles vides sphériques ou cylindriques (de bivalves du genre *Solen*, de gastéropodes carnivores *Natica catena*, d'oursins de sable *Echinocardium cordatum*), dont la légèreté et la forme faciliteraient le charriage sur le fond. La toponymie bretonne locale a aussi désigné l'éperon rocheux au centre de cette baie sous le nom de « pointe des noyés » en raison de l'échouage des corps de plusieurs disparus en mer d'Iroise.

Une intrigante accumulation de pompons roses

Marée rouge à *Falkenbergia rufolanosa* sur la plage de Kersiguénou (Finistère)

6 Pourquoi les macroalgues vertes prolifèrent-elles plus que les brunes ou les rouges ?

De façon générale, les algues proliférantes sont opportunistes et annuelles. Elles se développent principalement au printemps et perdurent jusqu'en automne. Ensuite, l'éclairement hivernal, trop faible, ne permettant plus de créer de la biomasse par photosynthèse, la fragmentation lors des tempêtes et la mortalité naturelle réduisent leur biomasse à peu de chose en fin d'hiver.

Durant la belle saison, les algues vertes tirent avantage de leur thalle en forme de feuille ou de tube, qui leur confère un rapport surface/volume élevé, facilitant les échanges avec le milieu

Le secret de la prolifération : se libérer du fond...

Les macroalgues sont dites benthiques* car elles sont originellement toutes fixées sur le fond, soit sur un substrat minéral dur (rocher, galet, coquille morte, épave, carapace de crustacé, etc.), soit sur une autre algue (on parle alors d'épiphytisme*). Si cela leur confère une stabilité géographique, cela bride aussi souvent leur croissance en raison d'un accès limité à la lumière du jour, dès que la profondeur dépasse quelques mètres, et que la turbidité minérale ou la couverture par d'autres algues, plus grandes, accentuent l'absorption lumineuse. Seules certaines macroalgues ont réussi à s'affranchir de cette limitation originelle en ne retombant pas immédiatement sur le fond quand elles sont arrachées de leur support, et en se maintenant en suspension dans la colonne d'eau, voire en surface.

Les ulves vivantes ne se maintiennent pas en surface car leur densité est légèrement supérieure à celle de l'eau de mer. Cependant, leur grande surface et leur légèreté leur permettent d'être perpétuellement remises en suspension dans la zone de déferlement des vagues sur les plages. D'une espèce initialement capable de recouvrir une surface à 2 dimensions, on est passé à une espèce capable d'occuper un volume à 3 dimensions, augmentant ainsi sa biomasse totale. En eau calme et bien éclairée, une suspension d'ulves peut également acquérir de la flottabilité en emprisonnant des bulles d'oxygène produites par la photosynthèse. La sargasse a, par contre, une capacité constitutive à flotter, grâce à ses flotteurs qui la maintiennent en surface, là où l'éclairement est maximal. Dans un cas comme dans l'autre, le passage du mode benthique au mode pélagique* livre l'espèce à la dérive, donc à la dispersion, le plus souvent, mais parfois à la concentration dans les zones confinantes (baies enclavées, tourbillons océaniques).

ambiant, notamment la captation de l'énergie lumineuse et l'absorption des sels nutritifs. Alors qu'en moyenne, les algues brunes et rouges ont une croissance assez lente, se contentant d'un éclairement atténué et de sels nutritifs peu abondants, les algues vertes possèdent un métabolisme plus élevé autorisant une croissance plus rapide, mais exigeant beaucoup de lumière et de sels nutritifs. En milieu peu profond et irrégulièrement enrichi par les crues de fleuves côtiers, leur capacité à stocker des réserves de sels nutritifs leur donne un avantage compétitif important par rapport aux algues pérennes. Cela explique le recouvrement, puis le remplacement des algues brunes et rouges de tout petits fonds par les algues vertes.
Par ailleurs, contrairement à la plupart des algues brunes et rouges, les algues vertes ont un thalle mince, facilement arraché de son substrat, puis déchiré en multiples fragments. Commence alors une existence dérivante, le plus souvent à proximité du fond, et libérée de toute prédation par les gastéropodes inféodés aux rochers. C'est là que va s'exprimer l'extraordinaire capacité de ces algues primitives à bouturer : potentiellement, chaque morceau de thalle est capable, en conditions nutritionnelles favorables, de reformer un thalle complet, toujours en suspension dans l'eau. Ceci est favorisé par la simplicité anatomique très poussée de ces algues vertes, dépourvues de véritables organes différenciés. Il faut rappeler toutefois qu'une algue brune bien différenciée, la sargasse, a fait également du bouturage son moyen exclusif de prolifération. Il faut signaler aussi que les ulves sont photophiles et s'adaptent à différentes ambiances lumineuses, y compris les très forts éclairements, sauf si elles s'échouent. Elles perdent alors leur eau, et blanchissent en raison de la destruction des pigments chlorophylliens par les rayons ultraviolets. Enfin, en milieu calme, les ulves présentent une capacité étonnante à reprendre leur croissance après avoir enduré des températures faibles, voire négatives, et l'obscurité durant plusieurs semaines ou mois.

Divers aspects d'échouage de marées vertes en baie de Douarnenez

Le mécanisme d'une marée verte

7 Les marées vertes sont-elles un phénomène permanent ou saisonnier ?

En zone tempérée à saisons bien marquées, toute la végétation algale subit un cycle saisonnier lié à celui de l'éclairement solaire : la reprise d'une photosynthèse active au printemps permet d'accumuler des sucres, partiellement transformés par la suite en divers types de molécules organiques. Très photophiles, les algues vertes présentent nettement cette forte reprise de croissance au printemps. Les mesures de croissance faites *in situ* sur des thalles individuels d'ulves à divers moments de l'année montrent en général un maximum de croissance lors des jours les plus longs de fin de printemps, puis une diminution dès l'été. Dans un site naturellement confinant, cela explique qu'en quelques mois (de mai à juillet en Bretagne par exemple) s'accumule de façon visible une énorme biomasse aboutissant à une « marée verte » estivale, recouvrant une surface d'estran sableux maximale fin juin, d'environ 650 hectares en moyenne sur l'ensemble des côtes bretonnes.

Mais c'est leur déclin hivernal très marqué qui accentue encore le caractère éminemment saisonnier des marées vertes. Alors que les algues brunes et rouges de semi-profondeur, plus solides, résistent mieux aux stress mécaniques hivernaux, les algues vertes s'avèrent très sujettes à la fragmentation et surtout à la dispersion dès qu'elles ne sont plus fixées au fond. Bien qu'une grande partie des ulves présentes en automne disparaissent l'hiver suivant, il existe néanmoins une certaine mémoire d'une année sur l'autre : le Ceva a montré que la précocité de reprise de la marée verte est quasi-proportionnelle au reliquat de fin d'année précédente. L'année 2017 a ainsi vu un démarrage très précoce (avril) et très intense des échouages d'ulves en Bretagne, en raison de la prolifération très tardive en 2016 et d'un hiver 2016-2017 anormalement clément. Un hiver riche en tempêtes peut évidemment rompre ce lien d'une année à la suivante en éradiquant l'essentiel de la biomasse restante. L'année 2014 a ainsi montré un retard de 2 à 3 mois dans la formation des marées vertes de Bretagne, en raison de la destruction du stock hivernal précédent par la série exceptionnelle d'une trentaine de tempêtes échelonnées de décembre 2013 à février 2014.

8 La marée verte varie-t-elle d'une année à l'autre ?

La marée verte a évidemment beaucoup varié dans sa phase initiale d'installation en Bretagne, pendant la décennie 1965-1975. La cartographie annuelle des biomasses échouées ne s'étant mise graduellement en place qu'à partir de la fin des années 1980, on ne dispose pas de données quantitatives sur la montée en puissance du phénomène. Mais depuis les années 1990, on constate une fluctuation autour d'un niveau moyen, que l'on peut chiffrer pour la Bretagne à une soixantaine de communes littorales touchées et à un effort de ramassage de 60 000 tonnes de poids frais égoutté.

Les années à printemps et été secs fournissent en général les biomasses les plus basses, tandis que les années à fréquentes alternances de pluies et d'ensoleillement durant le printemps et l'été permettent une production de biomasse au-dessus de la moyenne. On a vu précédemment que la précocité (ou le retard) d'apparition des échouages sur les plages dépend assez fortement de ce qui s'est passé l'année précédente. La quantité maximale échouée en été n'est par contre plus liée à l'histoire de l'année précédente, mais à la quantité de nutriments et de lumière dont ont bénéficié les ulves lors de leur phase de croissance printanière de l'année en cours. Une première étude de l'Ifremer avait ainsi montré dans les années 90 que, dans le cas de la baie de Saint-Brieuc, la biomasse maximale d'ulves recensée en juillet sur les plages (par cartographie aéroportée et pesage d'échantillons sur le terrain) s'avérait proportionnelle à la quantité de nitrate amenée au mois de juin précédent sur les plages par les fleuves côtiers, et sans relation avec la quantité de phosphate amenée parallèlement.

Dépôt de haut de plage laissé par les vives-eaux, séchant en surface

Depuis 2002, le Ceva vérifie tous les ans et, cette fois, au niveau de la Bretagne tout entière, ce lien très étroit entre apports azotés fluviaux de mai à août et surfaces d'estran couvertes d'ulves en août-septembre. Ce lien établi maintenant depuis trois décennies par des études de terrain a fondé la recommandation des scientifiques de limiter prioritairement et essentiellement les apports d'azote.

Relation observée entre apports azotés fluviaux et surfaces d'estran couvertes d'ulves sur l'ensemble de la Bretagne

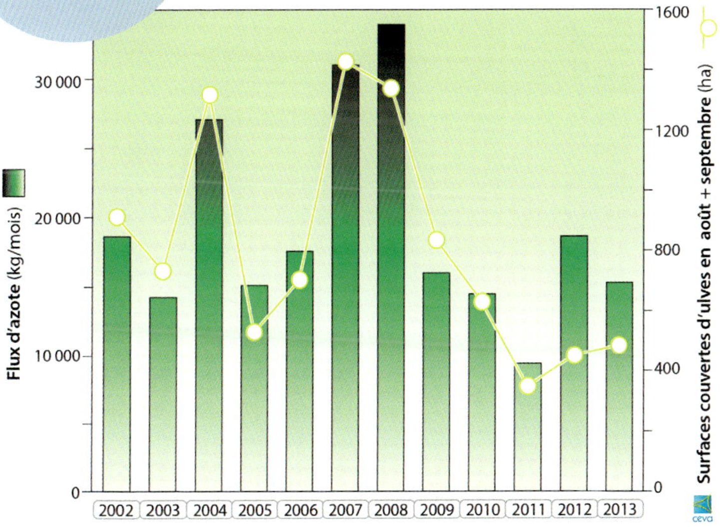

9 Dans quels types de sites marins une marée verte peut-elle se développer ?

Les macroalgues vertes sont, à l'origine, des végétaux fixés au fond (benthiques*), soit sur des fonds durs rocheux, soit en épiphytes* sur d'autres algues, brunes ou rouges. Quand les conditions de croissance sont réunies, on peut voir « verdir » certains platiers rocheux ou certaines structures rigides créées par l'homme : quais, tables et poches à huîtres, bouchots à moules, etc. C'est en créant des structures solides sur des fonds meubles que l'algoculture chinoise d'algues rouges consommables a permis l'installation en mer Jaune d'une importante population fixée d'*Ulva prolifera*.

Mais une « marée » verte, c'est plus qu'un verdissement fixé : la notion est vraiment liée à une accumulation d'algues libres en pleine eau, suivie de leur échouement en épave sur l'estran. Le passage de la forme fixée à la forme mobile en suspension dans l'eau se fait au gré des déchirures et arrachages de thalles soumis à l'action érosive des vagues. Les algues vertes ayant une densité légèrement supérieure à celle de l'eau de mer, les thalles libres vont chuter assez rapidement en eau calme, avec une vitesse dépassant les 100 mètres par jour. Elles peuvent toutefois être maintenues en suspens quelques décimètres au-dessus du fond par la turbulence créée lors du frottement des courants sur le fond, et être transportées si ces courants sont suffisamment forts. Mais leur maintien en suspension dans la colonne d'eau ne peut se produire qu'en présence d'un fort brassage vertical, essentiellement dans la zone de déferlement des vagues en bordure du rivage.

Pour qu'il y ait finalement accumulation d'algues en suspension, il faut que le site marin puisse les confiner naturellement pour éviter leur dispersion vers le large. Autant on comprend que des lagunes presque fermées (Tunis, Venise, étangs palavasiens près de Montpellier, bassin d'Arcachon…) puissent réaliser facilement ce confinement, autant on pouvait croire qu'en mer à marée, les baies largement ouvertes sur l'océan ne pourraient maintenir longtemps concentrée une suspension algale. Le paradoxe des « marées vertes » bretonnes sur plages à forte amplitude de marée n'a pu être expliqué que lorsque les océanographes ont su calculer suffisamment précisément les courants de marée pour montrer qu'en certains endroits, la dérive résiduelle d'une marée basse à la suivante pouvait être quasi-nulle, la masse d'eau parcourant en 12 h 25 mn une trajectoire fermée, ayant parfois plusieurs kilomètres d'allongement. Ainsi donc, malgré de très amples mouvements biquotidiens de leur volume marin, certaines baies ouvertes sur le large (Saint-Brieuc, Saint-Michel-en-Grève, Douarnenez, Concarneau, etc.) peuvent présenter localement des zones confinées, où la masse d'eau oscille sans pouvoir sortir facilement d'un bol virtuel invisible.

En dehors des sites confinés soit par leur enclavement dans les terres, soit par leur absence de courants nets de dérive, un dernier type de site susceptible d'être le siège d'une « marée verte » est constitué par les lieux d'atterrage* de courants traversant des champs d'algues vertes fixées, dont ils arrachent une partie. L'exemple le plus spectaculaire est la baie de Qingdao, où viennent s'entasser, par centaines de milliers de tonnes, des radeaux flottants d'ulves arrachées 400 kilomètres plus au sud-ouest en mer Jaune. Mais on peut aussi y ranger les sites vendéens de « marées vertes-brunes-rouges » (Noirmoutier) qui voient s'entasser des algues variées, arrachées aux platiers rocheux situés au large des plages.

Ulva armoricana

10 Quelles sont les conditions qui doivent être réunies pour provoquer une marée verte ?

La formation d'une marée verte résulte de la conjonction d'une biomasse hivernale initiale suffisante, de conditions favorables à une croissance rapide des algues vertes et, enfin, d'une configuration de site favorable au confinement. Si l'on se rappelle que les premiers besoins vitaux d'un végétal aquatique concernent les éléments chimiques majeurs de la matière vivante (carbone, azote, phosphore, potassium), et que le potassium est très abondant dans l'eau de mer, on peut déduire que la croissance rapide des algues ne se fera que dans les sites pourvoyant un bon éclairement (pour fixer abondamment le carbone inorganique dissous grâce à la photosynthèse) et un fort enrichissement en azote et phosphore. En fait, comme on le verra, le phosphore vient très rarement à manquer dans les sites côtiers peu profonds où se développent les marées vertes, ce qui fait qu'on peut résumer à quatre les conditions nécessaires et suffisantes pour que se produise une marée verte à la belle saison : un éclairement suffisant jusqu'au fond, un fort confinement de la masse d'eau, un enrichissement en azote inorganique et une biomasse d'algues résiduelle suffisante en fin d'hiver.

Un éclairement suffisant jusqu'au fond

Les sites où s'observent des marées vertes présentent en général une profondeur faible, voire très faible : de l'ordre de 1 mètre dans la lagune de Venise, de 3 mètres dans le fjord danois de Roskilde et de moins de 5 mètres dans la Veerse Meer hollandaise. En mer à marée, comme en Bretagne par exemple, les plages ou les vasières atteintes sont plates et la colonne d'eau qui les surmonte est généralement peu épaisse, au moins durant une grande partie du cycle de marée. La faible profondeur favorise au printemps un réchauffement rapide de la couche d'eau et son éclairement intense, d'autant mieux si le fond est sableux et réverbérant. *A contrario*, en raison de chenaux rapidement trop profonds et dont le fond est très peu éclairé, les estuaires de grands fleuves charriant des sédiments fins ne sont pas propices aux ulves, mais plutôt au phytoplancton, qui se maintient plus facilement dans la colonne d'eau près de la surface. De même, trop de matières en suspension empêchent le développement des algues vertes, comme en baie du Mont-Saint-Michel.

Sur certaines plages de Bretagne, qui sont depuis longtemps le siège de marées vertes, la biomasse algale dans les premières vagues devient si dense en été qu'elle crée son auto-ombrage. C'est alors l'éclairement qui devient le premier facteur limitant de la prolifération algale. Le site de Saint-Michel-en-Grève, emblématique des marées vertes bretonnes, a ainsi atteint dès les années 70, par autorégulation, sa biomasse maximale estivale, qui tourne autour de 5 000 tonnes de poids frais égoutté en l'absence de ramassage.

Un fort confinement de la masse d'eau

Quelle que soit sa cause, un fort confinement permet aux algues en développement de rester dans la masse d'eau dont les conditions sont propices en termes d'éclairement, de température et de sels nutritifs. On assiste alors à l'accumulation de la biomasse formée.

De nombreuses lagunes méditerranéennes (Venise, Tunis avant les travaux de forçage d'une circulation, étangs palavasiens au sud de Montpellier…) et nordiques (Veerse Meer, par exemple), certains fjords peu profonds (Roskilde, Schlei,…), et des marais maritimes sont des exemples démonstratifs d'un confinement « statique » par les terres environnantes. La marée y est très faible, parfois nulle, et le confinement très prononcé.
Dans les mers à marée (océan Atlantique, Manche, mer du Nord), des marées vertes se développent aussi en milieu ouvert, notamment sur les estrans très plats à faible pente, souvent sableux, situés en fond de baies comme en France (bassin d'Arcachon, Bretagne) ou derrière l'abri d'un chapelet d'îles (Frise hollandaise et allemande). On a vu précédemment qu'en ces endroits, un confinement « dynamique » peut être assuré par la très faible vitesse du courant résiduel de marée (c'est-à-dire le déplacement net de l'eau, une fois éliminé le va-et-vient dû à la marée). Par la faiblesse de leurs courants, les vasières de décantation en bordure d'estuaire peuvent également fournir un biotope propice aux formes fixées sur le fond (estuaire du Blavet).

Un enrichissement en azote inorganique

La mer côtière étant naturellement peu riche en azote inorganique dissous, les algues vertes, très demandeuses d'azote

Dépôts d'algues vertes en décomposition sur la plage de Ris, à Douarnenez (Bretagne)

(espèces nitrophiles*), ne pourront se développer en masse que si le site est enrichi par un apport d'azote (sous forme de nitrate et/ou d'ammonium), le plus souvent amené par les fleuves côtiers s'y déversant. Tous les auteurs ayant traité de la question du facteur chimique contrôlant l'intensité des marées vertes en Italie, en France, au Danemark, aux États-Unis ont montré que c'était l'azote, et non le phosphore, qui était limitant. En Bretagne par exemple, la corrélation positive trouvée par Ménesguen et Piriou (1995) entre l'abondance des marées vertes annuelles sur le site breton de Saint-Brieuc et le flux azoté délivré sur ce site en période de croissance des ulves apporte un premier argument, sur l'écosystème entier, en faveur du rôle fondamental de l'azote. Celui-ci est confirmé dans les algues elles-mêmes, par l'évolution saisonnière comparée de leurs teneurs en azote et phosphore. Alors que la teneur de l'ulve en phosphore reste élevée, celle en azote subit systématiquement une profonde diminution en fin de printemps, l'amenant, durant l'été, au niveau connu pour interdire la croissance de l'algue. Les raisons de ce rôle dissymétrique de l'azote et du phosphore sur le contrôle des marées vertes seront détaillées à la *Clé 20*.

L'azote inorganique dissous est présent en mer côtière sous deux formes prédominantes, l'ion nitrate et l'ion ammonium. L'ulve est capable d'utiliser ces deux formes, mais elle préfère la seconde car elle est déjà réduite. Depuis l'intensification de l'agriculture, les flux d'azote soutenant les marées vertes sont très majoritairement constitués de nitrate, mais avant la mise en place d'une étape terminale de nitrification/dénitrification dans les stations d'épuration des rejets urbains, certaines villes ont pu apporter sous forme d'ammonium une importante contribution au flux azoté, comme à Belfast au début du XXe siècle, ou plus récemment à Vannes. Sur ce dernier site, la rénovation de la station d'épuration en 1997 a divisé par trois les rejets d'azote en mer, ce qui a divisé par dix la marée verte dans l'embouchure de la rivière de Vannes. La grande capacité de stockage des nutriments par les ulves leur permet de thésauriser les apports sporadiques de sels nutritifs par les cours d'eau en crue.

Une biomasse suffisante d'algues résiduelles en fin d'hiver

Les ulvacées sont largement répandues sur les côtes européennes, même si ce ne sont pas les mêmes espèces partout.

On peut considérer que la flore naturelle a toujours fourni sur nos côtes un peuplement de base d'ulvacées, faible certes, mais non nul. Quand au printemps, les conditions physico-chimiques du milieu deviennent localement favorables, cet *inoculum* naturel peut proliférer de façon exponentielle, jusqu'à ce que l'épuisement des nutriments ou la diminution de l'éclairement par auto-ombrage ralentisse la croissance et fasse plafonner finalement la biomasse à un certain « maximum de site ». Mais comme la nuisance « marée verte » est associée au dépassement d'un seuil absolu de biomasse, il importe de savoir si, durant la belle saison, ce seuil nuisible de biomasse est susceptible d'être dépassé. Comme on l'a vu à la *Clé 8*, plus on part d'un *inoculum* élevé (reliquat de la floraison de l'année précédente) en fin d'hiver, plus la biomasse maximale survient tôt dans la saison. *A contrario*, l'année 2014 a montré qu'une très forte réduction de l'*inoculum* hivernal peut presque faire disparaître la nuisance « marée verte » lors de l'été suivant.

11 Y a-t-il des sites marins naturellement protégés contre les marées vertes ?

Comme le développement d'une marée verte nécessite que soient simultanément remplies les quatre conditions exposées à la *Clé 10*, tous les sites marins qui ne remplissent pas au moins l'une de ces conditions seront naturellement protégés contre les marées vertes.

Pour ce qui concerne l'éclairement, on peut déjà déduire que les zones de haute mer, trop profondes, ne pourront pas fournir assez de lumière près du fond. Mais même en zone littorale, la modélisation mathématique a montré que de grands estrans comme ceux de la baie du Mont-Saint-Michel, très enrichis en azote et suffisamment confinants, n'ont pas développé ce qui aurait pu être la plus grande marée verte de France grâce à leur forte turbidité naturelle, constituée par la remise en suspension de la tangue*. Une confirmation grandeur nature du rôle crucial d'un bon éclairement a été fournie par l'effondrement de la prolifération d'ulves dans la lagune de Venise en 1993-1996, attribué en grande partie à la remise en suspension de la vase par l'intensification du dragage de bancs de palourdes japonaises, nouvellement installés.

Concernant le confinement, certains couples de baies adjacentes, pourtant éclairées et enrichies de manière similaire, montrent des comportements opposés en termes de marée verte. Ainsi, dans le Finistère, la baie de Goulven est pratiquement dépourvue de marée verte alors que ses voisines à l'ouest (baie de Guissény) comme à l'est (baie du Kernic), sont très atteintes. De même, la rade de Brest, mis à part le site circonscrit de l'anse du Moulin Blanc, n'a pas développé de grandes marées vertes comme sa voisine la baie de Douarnenez, alors qu'elle reçoit par les fleuves environ dix fois plus d'azote que la baie de Douarnenez. En rade de Brest, les courants de marée, très intensifiés par la présence d'un étroit goulet à l'entrée, parviennent à extraire deux fois par jour une importante fraction des eaux très enrichies des estuaires du fond de rade et à les mélanger dans un volume d'eau plus grand au-delà du goulet. Ce brassage horizontal intense n'existe pas en baie de Douarnenez, pourtant plus ouverte sur l'océan, ce qui maintient plus longtemps en fond de baie des apports fluviaux de nutriments, même modestes.

Quant à l'enrichissement azoté, toute l'histoire connue des marées vertes dans le monde montre qu'avant l'arrivée massive de nitrate ou d'ammonium issus de l'activité humaine, les sites qui ont développé les grandes marées vertes étaient vierges d'accumulations d'algues vertes, bien qu'ils aient été naturellement confinants et bien éclairés. Sont donc naturellement protégés contre les marées vertes tous les sites côtiers qui ne reçoivent pas directement d'apports importants d'azote continental (rejets urbains, pollutions agricoles). De nouvelles marées vertes pourraient apparaître dans le futur dans des sites physiquement favorables, mais jusqu'ici indemnes, si les bassins versants attenants voyaient l'implantation d'une agriculture présentant des excédents d'engrais azotés, ou d'une urbanisation dont les rejets seraient insuffisamment épurés.

Enfin, au sujet de la biomasse initiale de fin d'hiver, il semble qu'il faille qu'elle soit quasi inexistante pour protéger un site. Des thalles clairsemés fixés sur des rochers essaiment au cours de l'année, soit des fragments (multiplication asexuée), soit des spores ou des gamètes (reproduction sexuée), capables de fournir un *inoculum* suffisant si les autres conditions sont réunies. Le cas de la mer Jaune en Chine montre qu'une intense prolifération d'ulves peut s'établir en quelques années en milieu favorable dès lors que l'on implante de nombreux supports solides immobiles dans une zone côtière qui en était initialement dépourvue.

12 Y a-t-il des bassins versants côtiers naturellement plus favorables aux marées vertes ?

Un bassin versant est une cuvette terrestre naturelle qui draine les eaux de pluie par un réseau de ruisseaux confluents jusqu'à un fleuve final se jetant dans la mer côtière. Pour une marée verte, un bassin versant est le pourvoyeur principal de nutriments, qui va d'abord permettre la croissance des ulves en élevant localement la concentration marine en nitrate à un

Trois grands types de bassins versants

On peut distinguer trois grands types de bassins versants :

- *Ceux des grands fleuves*, qui maintiennent un fort débit même en étiage* estival. Leurs estuaires, souvent turbides, présentant en leur centre un chenal assez profond parcouru par des courants intenses, ne sont pas favorables ni à la photosynthèse, ni au confinement local des ulves. Leur panache de dilution peut toutefois revenir enrichir par la mer des côtes adjacentes à l'estuaire et y stimuler des marées vertes. C'est le cas de la Loire causant des marées vertes sur la côte occidentale de l'île de Noirmoutier.
- *Ceux de petits fleuves côtiers, situés sur sous-sol schisteux ou métamorphique*, peu perméable. Leur débit suit de près le rythme des chutes de pluie, avec des crues essentiellement hivernales s'opposant à des étiages estivaux prononcés. Ces bassins versants ne fourniront des apports substantiels de nitrate utilisables par les ulves que lors des années à printemps et été pluvieux. Ils verront leurs apports à la mer tarir lors des étés secs et ensoleillés. Ce fonctionnement explique par exemple les fortes différences de marées vertes pouvant exister d'une année à l'autre en baie de Saint-Brieuc orientale (baie de Morieux).
- *Ceux de petits fleuves côtiers, situés sur sous-sol granitique fissuré ou sédimentaire*, donc perméable. La nappe phréatique que ces fleuves ont constituée dans le sous-sol opère un stockage pluriannuel d'eau et de nutriments dissous, qui assure un débit estival soutenu, même en l'absence de pluie. L'eau souterraine ainsi délivrée en été possède une concentration en nitrate moyennée sur les années passées, encore très élevée actuellement en Bretagne, même si les apports d'azote en surface du sol ont été récemment réduits. Ces bassins versants sont évidemment les plus propices à des marées vertes abondantes et régulières, car ils sont capables de fournir aux ulves, durant des décennies, des apports substantiels et réguliers de nitrate. En Côtes-d'Armor, c'est la situation du bassin versant du Yar, responsable de la marée verte emblématique de la baie de Saint-Michel-en-Grève, qui a montré une remarquable stabilité depuis le début des années 70. C'est aussi le cas des bassins versants finistériens du Douron, de l'Horn, du Guillec et du Quillimadec.

niveau « visible » par ces algues nitrophiles, puis qui va contrôler l'intensité de la prolifération par le flux de nitrate apporté. De fortes concentrations mais aussi des débits significatifs sont donc importants et nécessaires. La croissance des ulves ne se faisant en zone tempérée que quand l'éclairement solaire est suffisamment fort, un bassin versant sera donc naturellement d'autant plus favorable aux marées vertes qu'il fournira, pendant la belle saison (d'avril à septembre), un débit d'eau soutenu à concentration élevée en nitrate.

13 Qui mange les algues vertes ?

Dans le milieu marin, les algues vertes fixées sont partiellement consommées par des invertébrés benthiques, essentiellement des mollusques gastéropodes (patelles, bigorneaux,...), des crustacés isopodes (amphipodes gammaridés, sphéromes et idotées,...) et des échinodermes échinoïdes (oursins violets). Parmi les vertébrés marins, on trouve comme prédateurs occasionnels quelques poissons (sparidés comme les saupes en Méditerranée, poissons de récifs tropicaux) et des reptiles chéloniens (tortues marines). Mais la prédation la plus caractérisée se fait surtout en hiver sur les algues échouées par des oiseaux anatidés (oies bernaches cravant, par exemple en Côtes-d'Armor).

L'homme est aussi un consommateur d'ulves, soit directement pour lui-même (ingrédient dans les pâtés de poisson ou de légume), soit pour ses animaux domestiques (alimentation des crevettes, des poissons et du bétail, adjuvant à des produits antimycosiques pour le bétail).

L'algue verte contient en effet jusqu'à 50 % de son poids sec en protéines quand elle a poussé dans un milieu très riche en nitrate. Elle contient de plus beaucoup de composés soufrés comme les ulvanes (polysaccharides soufrés) et la bétaïne sulfurée, qui peuvent entrer dans le métabolisme de synthèse des acides aminés soufrés (méthionine, cystéine), indispensables à la croissance des animaux. La bétaïne sulfurée stimule la prise de nourriture par les saumons d'élevage. Les genres *Ulva* et *Enteromorpha*, aujourd'hui réunis sous le seul nom *Ulva*, sont les deux types d'algues vertes reconnus officiellement par le Conseil supérieur d'hygiène publique de France (avis de décembre 1988) comme aptes à la consommation humaine, de même actuellement que huit macroalgues brunes et onze macroalgues rouges. Vendues sous le nom de « salade de la mer », de paillettes ou d'algues saumurées, les algues vertes utilisées sont récoltées hors des zones à marée verte par les goémoniers et pour un volume très faible (inférieur à 10 tonnes de poids frais égoutté par an en France). La consommation humaine n'est donc absolument pas un débouché pour la valorisation des marées vertes typiques. On voit que, en raison de leur faible taux de matière sèche, les ulvacées ont très peu de brouteurs naturels, et que la récolte faite par l'homme reste anecdotique. Le broutage naturel s'avère donc incapable de constituer un frein efficace à la prolifération dès que celle-ci est rendue possible par la physicochimie d'un site. C'est d'autant plus vrai qu'en quittant par arrachage leur biotope originel (les fonds rocheux) et en étant ensuite concentrés dans la zone de déferlement des vagues sur les plages, les fragments de thalles d'ulves échappent totalement à leurs prédateurs invertébrés assujettis aux fonds durs (gastéropodes et oursins).

Oies bernaches cravant se nourrissant d'ulves à Perros-Guirec, en janvier 2012

14 Comment disparaissent les marées vertes ?

L'augmentation visible de la biomasse d'une marée verte, qui s'observe au printemps et s'arrête en général au début de l'été, correspond à la prédominance des processus de croissance et de confinement sur ceux de mortalité et de dispersion physique. En dehors de cette période, le bilan de croissance de la population algale est négatif, ce qui provoque la régression de la marée verte, voire sa totale disparition en fin d'hiver, si les tempêtes fréquentes ont été très dispersives. Fondamentalement, l'ulve est une espèce annuelle, qui refait l'essentiel de sa biomasse en quelques mois chaque année. En eau calme, sous éclairement et température faibles, l'ulve semble capable de survivre plusieurs mois sans croissance ni régression notables. Ce qui accélère la disparition hivernale est plutôt l'accumulation d'agressions mécaniques sur les thalles : déchirement par les courants et les vagues, criblage par les grains de sable mis en suspension par la turbulence, usure par frottement sur le fond.

Les interventions humaines de ramassage ont pour but d'accélérer cette disparition en prélevant régulièrement une partie de la biomasse, soit échouée sur les plages (tractopelles et camions), soit encore en pleine eau (tamisage sur tapis roulant dans la zone de déferlement des vagues ou dragage de petits fonds à partir de barge à fond plat). Faits en début de saison, ces prélèvements peuvent effectivement retarder l'apparition d'une forte biomasse, mais quand ils sont réalisés en été, ils restimulent la croissance des thalles non ramassés en les fragmentant et en diminuant la concurrence pour la lumière et pour les nutriments.

15 Quels sont les impacts sur l'écosystème marin ?

Comme toute prolifération d'une espèce particulière, une marée verte perturbe la biodiversité locale. L'ulve fixée sur un substrat a tendance à éclipser les autres algues par réduction de la place et de l'éclairement disponibles, notamment les brunes et les rouges sur lesquelles elle peut pousser en épiphyte. Une fois libre et en suspension dans l'eau, l'ulve ne va plus concurrencer d'autres macroalgues, et ne concurrencera le phytoplancton que sur la frange littorale, très limitée, où les vagues la maintiennent en suspension car, au-delà, les ulves s'accumulent près du fond, alors que le phytoplancton demeure en pleine eau.

La faune, elle aussi, subit des modifications encore peu étudiées. Les ulves encore fixées qui contribuent au verdissement des zones rocheuses littorales poussent souvent sur moules et huîtres, notamment sur les cordes, bouchots ou poches perforées utilisées par les conchyliculteurs. Si l'excrétion ammoniacale de ces bivalves cultivés profite à la croissance des ulves, ces dernières gênent par contre celle des bivalves en ralentissant la circulation de l'eau et du phytoplancton vers les branchies des mollusques. À marée basse, le manchon d'ulves recouvrant les bouchots jusqu'au sol fournit également un accès aisé aux crabes prédateurs des jeunes bivalves. Par contre, la suspension d'ulves dans la zone de déferlement des vagues au bas des plages constitue, en

Ramassage des algues vertes sur la plage de Trezmalaouen (baie de Douarnenez), en juin 2013

journée, un milieu très oxygéné, procurant entre les thalles de multiples cachettes où les alevins de poissons et les petits crustacés échappent plus facilement aux poissons prédateurs chassant à vue. Mais dès que la suspension d'ulves devient dense, ou que la nuit survient, les effets sur les crustacés et les poissons deviennent largement négatifs : les animaux fuient la zone trop encombrée, où la respiration algale et bactérienne fait descendre dangereusement le taux d'oxygénation.

Les impacts les plus importants résultent de la décomposition d'algues vertes dérivantes qui se sont soit entassées par petits fonds très confinés, soit échouées sur les plages. Cette décomposition, réalisée initialement par des bactéries aérobies, va en effet consommer une grande part de l'oxygène dissous dans l'eau au-dessus du fond. Les lagunes palavasiennes, et certaines zones de l'étang de Thau, ont ainsi subi des anoxies estivales remontant du fond vers la surface, en tuant la faune sauvage ou cultivée. Ce fut aussi le cas dans la lagune de Venise, à l'époque où sa biomasse d'algues vertes était très importante : par exemple en 1985, trois anoxies s'étaient succédé entre mai et juillet. Dans l'est de la mer Baltique, la dégradation des accumulations de l'algue verte filamenteuse *Cladophora glomerata*, en eaux peu profondes, a décimé les communautés d'invertébrés benthiques. Si la matière végétale brutalement échouée sur un estran peut profiter en surface à des invertébrés détritivores (crustacés amphipodes comme les puces de mer, vers ou ophiures de sable), ou peut augmenter à long terme la quantité et la diversité de la macrofaune benthique sur les estrans environnants, l'impact local s'avère pourtant négatif. L'essentiel de la biomasse, dans le cas de non-redispersion à marée montante, se décompose très vite en anaérobiose*, générant des gaz et des fluides très réducteurs, riches en sulfures et très nocifs pour la faune. Les estrans, recevant régulièrement de forts échouages, s'enrichissent en matière détritique et en sulfures, devenant hostiles à la faune endogée* habituelle. On observe donc une diminution, voire une suppression, des bivalves enfouis, avec une remontée près de la surface des espèces les plus résistantes.

Juvéniles de soles collectés dans les ulves en suspension, au bas des plages en baie de Douarnenez

À ces impacts « naturels » sur l'écosystème, il faut rajouter l'impact causé par le ramassage mécanique des ulves, opéré sur des plages, voire sous l'eau par faibles fonds. Le va-et-vient de tractopelles, bulldozers et camions sur l'estran crée, pendant la saison touristique, un tassement des estrans, avec écrasement de la faune enfouie, mais aussi un remaniement important des couches supérieures du sédiment. Celui-ci est occasionné par l'enlèvement d'une partie de ce sédiment avec les ulves ramassées et l'étalement des jus réducteurs sur l'estran. Il faut noter que l'enlèvement simultané des laisses de mer naturelles prive la faune de l'estran et les oiseaux de mer d'une source importante de nourriture.

Le ramassage dans l'eau, au bas de plage, par des engins faucardeurs* surélevés dotés de grands pneus provoque également l'écrasement des bivalves légèrement enfouis (tellines, donaces), dont certains sont exploités pour l'alimentation humaine. Les juvéniles de poissons plats (soles, turbots), abondants dans la bande côtière au large de certaines plages sableuses, sont aussi fréquemment aspirés par les suceuses traînées sur le fond par les barges de récolte. La généralisation des opérations de ramassage, tant sur les estrans que dans les baies, nécessiterait une rigoureuse évaluation des impacts sur la faune.

Traces de circulation d'engins et d'enlèvement de sable suite au ramassage des algues vertes sur la plage de Trezmalaouen (baie de Douarnenez), en juin 2013

16 Quelles sont les nuisances pour la société humaine ?

Les premières nuisances à avoir été perçues concernent essentiellement l'usage touristique des plages. Dès le début des années 70, les plages de Saint-Michel-en-Grève et d'Hillion (Côtes-d'Armor) ont vu la fréquentation touristique estivale baisser en raison de la gêne occasionnée, sur le sable, par les dépôts d'ulves en décomposition plus ou moins avancée et les odeurs d'œuf pourri associées et, dans l'eau, par les ulves en suspension. Depuis les années 1990, quelques études ont montré l'osmoprotection* fournie par des exsudats* algaux d'ulves aux bactéries d'origine animale et humaine, conduisant à une augmentation de la contamination bactérienne des eaux de baignade. La prise de conscience de la réelle dangerosité sanitaire des dépôts d'ulves putréfiés ne s'est faite que très tardivement, quand la mort de deux chiens en juillet 2008 sur la plage d'Hillion, suivie de celle d'un cheval un an après sur la plage de Saint-Michel-en-Grève, ont brutalement rappelé à tous, du moins en France, ce que l'on savait depuis un siècle, que l'inhalation d'hydrogène sulfuré concentré (autour de 1000 parties par million) présentait un risque mortel par blocage de la respiration, mais qu'on n'avait pas pensé s'appliquer en milieu ouvert et bien aéré. La mort de deux coureurs à pied, le premier en juin 1989 et le second en septembre 2016, le coma durant quatre jours en mai 1999 subi par un conducteur d'engin de ramassage des ulves échouées, ainsi que la mort d'un conducteur de camion chargé d'ulves en décomposition en juillet 2009, sont ainsi attribués à l'intoxication par l'hydrogène sulfuré concentré émis par les ulves en putréfaction. En France, la nécessaire protection des populations littorales a alors motivé, en 2010, une décision obligeant les communes à ramasser les dépôts d'algues sur les plages et à les stocker dans des déchetteries spécialisées, équipées pour éviter leur décomposition anaérobie par séchage et remuage. Plus généralement, c'est la révélation de ce problème sanitaire aigu qui a motivé en France, en 2010, le lancement d'un plan gouvernemental de lutte contre les algues vertes, alors que les impacts environnementaux étaient connus depuis longtemps.

Les nuisances touchent aussi les activités d'aquaculture et de pêche. Le colmatage des poches à huîtres ainsi que l'engluement des moules sur bouchots par les algues vertes ralentissent la croissance des mollusques cultivés. De plus, ils augmentent leur mortalité, notamment par prédation, et nécessitent un nettoyage supplémentaire avant commercialisation des bivalves. Les algues échouées gênent, voire interdisent, la pêche à pied sur les estrans. Sur les petits fonds, les pêcheurs côtiers voient leurs filets maillants et leurs palangres rendus inopérants et longs à nettoyer après engorgement par des ulves en dérive au-dessus du fond.

Enfin, on citera les nuisances créées aux épreuves olympiques de voile à Qingdao, à l'occasion des Jeux olympiques de Pékin en 2008. Pour débarrasser une partie des 15000 kilomètres carrés recouverts d'algues vertes, plus de 1000 bateaux et 10000 personnes, civiles et militaires, se sont relayés douze heures par jour pendant plusieurs jours, et ont finalement enlevé aux alentours de 170000 tonnes d'algues.

Accumulation d'*Ulva prolifera* en baie de Qingdao, Chine

Ramassage d'algues vertes échouées sur la plage de Saint-Michel-en-Grève

Comment lutte-t-on contre les marées vertes ?

17 Que fait-on pour se débarrasser d'une marée verte déjà formée ?

En raison de modalités d'accès différentes, il faut distinguer les algues d'estran (soit échouées, soit en suspension dense dans la bande d'eau de moins d'un mètre de profondeur au bas des plages) des algues infra-littorales, immergées sous plusieurs mètres d'eau. Rappelons qu'en raison de sa densité faiblement supérieure à celle de l'eau de mer, l'ulve est très facilement déplaçable dans l'eau de mer, alors qu'elle devient aussi lourde que l'eau quand elle est à l'air libre (*voir l'encadré page suivante*). Pour les algues d'estran, qui constituent une pollution particulièrement visible en Bretagne, la technique la plus courante et la plus anciennement employée sur les plages consiste à racler, à marée basse, les dépôts d'algues les plus épais et à les collecter dans des camions-bennes, capables de les convoyer jusqu'à une plateforme de compostage. Depuis décembre 2002, l'Union européenne interdit le dépôt en décharge ou en carrière désaffectée. Depuis 2010, la dangerosité des dépôts en putréfaction anaérobie a conduit à bannir aussi les dépôts concentrés en bout de champ agricole, destinés à être épandus

Un peu de physique ...

L'ulve fraîche a une densité (1,05 kg/dm³) très légèrement supérieure à celle de l'eau de mer (1,025 kg/dm³). C'est ce qui explique qu'en eau calme, une ulve chute inexorablement vers le fond, à une vitesse qui se stabilise, en raison du freinage par le frottement de sa large surface sur l'eau, à une valeur d'environ 500 m/jour. Par contre, cela lui confère un poids apparent très faible dans l'eau de mer, alors que, placée à l'air libre, l'ulve redevient aussi lourde que l'eau. Déplacer un mètre cube d'algues fraîches sur terre revient à peu près à déplacer une tonne, ce qui requiert environ 40 fois l'énergie correspondante sous l'eau.

en fumure. Si dans les années 80 et 90, la collecte sur les plages se faisait essentiellement au moyen de bulldozers, le fait que ces engins aient tendance à ramasser également du sable, mettant à terme le trait de côte en danger, et qu'ils ne puissent collecter les dépôts étendus mais très peu épais, a progressivement poussé à la diversification des outils de ramassage. L'adaptation de divers engins initialement utilisés pour des déchets autres que des algues, telles que les ratisseuses, ont permis de collecter les dépôts frais et peu épais.
Inaugurée dès 1989 au nord de l'Adriatique dans les lagunes de Sacca di Goro et de Venise, et reprise en Bretagne depuis les années 2000, la collecte de la suspension d'algues au bas de l'eau a été tentée au moyen d'engins roulants adaptés des

Ramassage d'ulves en suspension dans l'eau à Saint-Michel-en-Grève par un engin de la société bretonne B2MH, en mai 2017

faucardeurs-ramasseurs pour marais d'eau douce. Ces engins montés sur de hauts pneumatiques peuvent rouler dans un mètre d'eau et y pousser un tapis roulant incliné en grillage, qui tamise les algues dans sa partie basse puis, dans sa partie haute, les convoie tout en les égouttant vers une benne à l'arrière ou sur le côté de l'engin. Le rendement de ces engins dépend de la concentration d'ulves dans la suspension, mais peut atteindre 80 mètres cubes d'algues par heure.

Chalut à perche utilisé en rade de Brest pour collecter les dépôts d'ulves par petits fonds

Pour les algues infra-littorales en dérive au-dessus de petits fonds, qui constituent l'ordinaire des lagunes méditerranéennes eutrophisées, mais qui s'étendent aussi en Europe du Nord devant certains estuaires et, en Bretagne, devant les plages du Finistère Ouest et Sud, deux techniques de ramassage ont été utilisées. La plus simple, semi-passive, consiste à accumuler les ulves dans un petit chalut tiré par un bateau à faible tirant d'eau et maintenu ouvert par une perche transversale plutôt que par des panneaux latéraux. Un tel chalut pouvant se remplir de plusieurs tonnes d'ulves après seulement quelques minutes de traction, sortir de l'eau le cul de chalut peut rapidement devenir problématique (chavirement de l'embarcation) en dehors du fait qu'un treuil de forte puissance est nécessaire. Quand elle est possible, l'évacuation des algues sans sortie de l'eau est préférable : elle a été expérimentée en 2009 et 2010 en rade de Brest, en tirant profit d'une situation géographique favorable où l'on trouvait, à moins de deux kilomètres de l'anse colonisée par la marée verte, le chenal sous-marin du fleuve Élorn, d'une quinzaine de mètres de profondeur. Tracté sur le fond sur un kilomètre, le chalut plein d'ulves était descendu dans le chenal du fleuve et ouvert au fond, à partir du navire en marche, répandant ainsi les algues sur le fond. Ces dernières, privées d'un éclairement suffisant et usées par le va-et-vient des courants de marée, se dégradaient ensuite lentement sans recoloniser l'anse peu profonde. Mais cette technique de chalutage, par la faible masse collectable par traict (environ une tonne et demie toutes les 30 minutes), s'avère vite peu efficace si le stock à ramasser est de plusieurs centaines ou milliers de tonnes.

Dans les lagunes françaises de Méditerranée et à Venise (cinq mille tonnes par an en 2010), la collecte se fait, le plus souvent, à partir de barges faucardeuses munies d'un tapis roulant oblique avançant sur le fond. En baie de Douarnenez, le Parc marin d'Iroise a testé de 2011 à 2013 une autre technique. Active, elle fonctionne par pompage, près du fond, à partir d'un navire en marche lente, souvent accompagné d'une barge réceptrice collectant les ulves ramenées à l'air libre. La remontée jusqu'à la surface dans un tuyau consomme peu d'énergie et peut être accélérée par l'émission de bulles au bas du tuyau. Les algues sont, quant à elles, facilement séparées de l'eau rejetée à l'arrivée sur le navire, sans jamais nécessiter de force de levage importante dans l'air. Mais là encore, le rendement journalier s'avère faible (moins de quinze tonnes par jour) dès que les algues ne sont plus en suspension dense, ce qui est souvent le cas de tonnages importants étalés sur de vastes superficies.

Pompage d'ulves en suspension, près du fond, en baie de Douarnenez

18 Comment priver les algues de lumière ?

Les ulves fixées étant disséminées sur des aires côtières étendues, et les thalles détachés du fond étant mobiles au gré des courants, il n'apparaît pas faisable de priver volontairement et durablement de lumière une grande quantité de ces algues. On peut, tout au plus, quand le site le permet (ce qui s'avère peu fréquent), amener une petite population d'ulves libres dans une fosse ou un chenal profond et sombre, comme mentionné à la *Clé 17*. La nature a par contre réalisé cette prouesse dans au moins deux cas de figure, qui jouent tous les deux sur l'augmentation de la turbidité de la colonne d'eau, et non sur le déplacement des algues.

Le premier exemple est celui de la lagune de Venise. Comme signalé aux *Clés 1 et 2*, la plus grande marée verte de la fin du XXe siècle a littéralement « fondu » après 1995, en raison de la moindre disponibilité de la lumière près des fonds de la lagune. La raison majeure en est l'augmentation de la turbidité moyenne de vastes zones à partir de l'instauration d'une nouvelle pêche à la drague, celle des palourdes des Philippines. Une fois n'est pas coutume, l'irruption d'une espèce invasive, échappée de sites expérimentaux d'aquaculture, aura donc été

Eau colorée à phytoplancton dans l'étang de Bolmon, en lisière de l'étang de Berre

bénéfique écologiquement en diminuant l'eutrophisation de la lagune et financièrement, en fournissant une ressource économique nouvelle.
Le second exemple est malheureusement fourni par les lagunes où la pollution par les nutriments a atteint un tel niveau que même la dominance des ulves ne peut plus se maintenir. Confinées presque en permanence près du fond, les ulves sont tributaires de l'éclairement qui parvient à traverser la colonne d'eau, pourtant peu épaisse. Lorsque le phytoplancton se développe très intensément, la colonne d'eau devient colorée et de plus en plus opaque aux rayons solaires. Absorbant l'essentiel des radiations visibles, le phytoplancton gagne donc la compétition entre végétaux, éradiquant les ulves par privation de lumière. Cette situation était par exemple atteinte dans certaines lagunes palavasiennes (étangs du Méjean, de l'Or, etc.) avant la diversion en mer des rejets de l'agglomération montpelliéraine.

19 Comment mieux évacuer les algues en mer ?

Là où les courants sont naturellement forts, en raison surtout des marées et du vent, il semble très difficile de les modifier pour créer une circulation résiduelle favorable à l'évacuation des algues vertes. Les modifications humaines les plus courantes du trait de côte ont le but inverse, celui de créer des zones abritées, souvent confinantes et propices au dépôt, grâce à des digues. Seul le creusement des chenaux d'estuaires accélère localement les courants et entraîne l'érosion des éventuels dépôts. Il peut toutefois créer aussi des vasières latérales à nouveau propices aux algues vertes.

Finalement, l'exemple le plus probant d'un assainissement d'une zone à algues vertes vient d'une mer pratiquement sans marée, la Méditerranée. La lagune située aux pieds de Tunis, le lac de Tunis, a été le siège d'une prolifération croissante d'algues vertes et de phytoplancton au milieu du XXe siècle, en raison de l'augmentation des rejets d'eaux usées dans la lagune. Les grands travaux effectués de 1985 à 1988 ont instauré une circulation artificielle dans cette lagune autrefois stagnante. Après dragage de dix millions de mètres cubes de sédiments dans la lagune et son canal de communication avec la mer (grau), les échanges avec la mer ont été gérés grâce à des portes à marée, séparées par une longue digue médiane (8,2 kilomètres). Ainsi, même une faible amplitude de marée à l'entrée de la lagune permet d'entretenir une circulation cyclonique des eaux autour de la digue médiane. Cette circulation forcée d'eau de mer peu enrichie a permis d'éradiquer en moins de dix ans une couverture d'ulves initialement quasi-totale et de la remplacer par des herbiers à phanérogames (*Ruppia*, *Zostera* et *Cymodocea*).

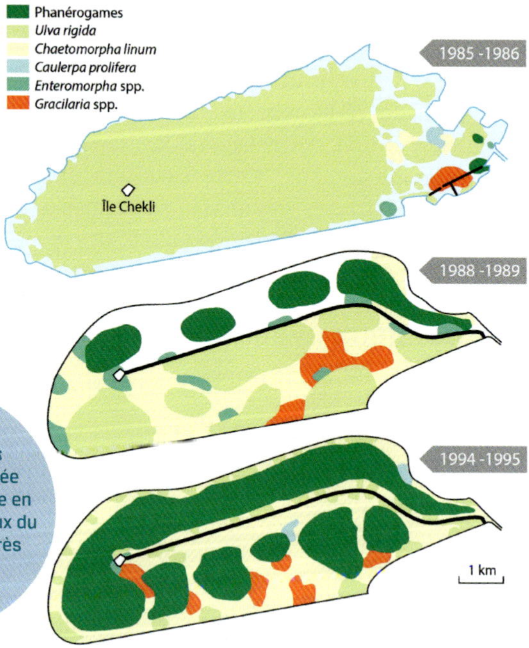

Évolution des populations végétales, observée à la suite de la mise en mouvement des eaux du lac de Tunis (d'après Pergent et Ben Maïz, 2001)

20 Comment affamer les algues : les priver d'azote ou de phosphore ?

On connaît le rôle crucial du trio azote-phosphore-potassium dans la fertilisation des cultures terrestres. Le potassium du sel marin étant surabondant par rapport aux besoins des algues, seuls restent potentiellement limitants les macro-nutriments azote et phosphore. Les limnologistes* savent aussi depuis longtemps que dans les eaux douces, notamment non courantes, c'est le phosphore qui s'avère vite le plus limitant, essentiellement parce que les cyanobactéries* peuvent s'approvisionner à volonté en azote gazeux d'origine atmosphérique, après dissolution dans l'eau. Cela a été vérifié en grandeur nature par les expériences du professeur américain Schindler (1974), où des lacs canadiens divisés en deux moitiés étanches voyaient le phytoplancton pulluler uniquement dans la moitié enrichie par des apports de phosphate. À juste titre, cela a motivé en Europe et en Amérique du Nord, des plans efficaces de lutte contre l'eutrophisation des eaux douces par diminution radicale des rejets urbains de phosphore, notamment par interdiction des polyphosphates lessiviels et par précipitation, sous forme de boues de station d'épuration, des phosphates d'origine humaine contenus dans les eaux usées urbaines. Forte était la tentation, dans les années 80-90, de considérer qu'une déphosphatation poussée des rejets urbains en bord de mer suffirait à affamer les algues vertes au point d'empêcher leur croissance. Premier département breton touché par les marées vertes, les Côtes-d'Armor ont ainsi axé, de 1988 à 2000, leur programme de lutte contre les marées vertes sur une intense déphosphatation des rejets urbains se déversant sur leur littoral. Depuis, vingt ans de maintien des marées vertes en baie de Saint-Brieuc ont signé l'échec de cette tentative. Pourquoi ? Trois raisons peuvent expliquer la différence de comportement entre les ulves et le phytoplancton d'eau douce.

- La première : le phosphore est présent dans la matière vivante sous forme de groupements phosphate, attachés aux squelettes carbonés des acides nucléiques ou aux lipides membranaires, mais de façon facilement sécable par simple hydrolyse. Un atome de phosphore engagé dans une molécule organique va donc en être libéré en quelques jours à la mort d'un organisme. C'est une situation bien différente de celle de l'azote, qui intervient surtout dans les groupements amines des protéines, bien plus solidement attachés au squelette carboné et donc bien plus lents à être reminéralisés par les décomposeurs bactériens aérobies : l'atome d'azote va être séquestré plusieurs semaines ou mois dans des détritus organiques. Étant beaucoup moins vite recyclé, l'azote est plus vite limitant si des apports exogènes ne viennent pas continûment ré-enrichir le milieu marin côtier.

- La seconde : les eaux côtières où poussent les algues vertes sont peu profondes, assez influencées par le sédiment sous-jacent. Si celui-ci est partiellement vaseux, ses particules argileuses ont le pouvoir d'adsorber* de grandes quantités d'ions phosphate si elles ont été baignées d'eaux estuariennes riches en phosphate dissous, alors qu'elles ne retiennent pas les ions nitrate. Le stock de phosphate adsorbé peut relâcher vers l'eau environnante des ions phosphate, lentement si le milieu est bien oxygéné, brutalement si le milieu est anoxique (vases noirâtres). Les vases estuariennes et les sables vaseux côtiers constituent donc un réservoir très important de phosphate, mais pas de nitrate.

- La troisième : alors que le phosphore n'existe pas en phase gazeuse, l'atmosphère contient au contraire un stock énorme de diazote gazeux, dont la forme dissoute dans l'eau est utilisable par de nombreuses cyanobactéries planctoniques d'eau douce. Ces dernières ne sont jamais limitées par l'azote, mais elles peuvent l'être par le phosphore si l'eau contient très peu de phosphate dissous. Les ulvacées, au contraire, sont incapables d'assimiler l'azote gazeux dissous dans l'eau, et sont quasi exclusivement dépendantes des formes ioniques dissoutes, ammonium et nitrate. Dès que ces dernières sont abondamment fournies par les apports des fleuves côtiers, les ulvacées peuvent se développer en se contentant du flux local de phosphate issu des sédiments ou de la reminéralisation rapide des détritus.

Ces trois particularités expliquent qu'on ne pourra affamer les algues vertes, et empêcher la croissance de ces végétaux « nitrophiles », c'est-à-dire demandeurs de milieux riches en nutriments azotés dissous, qu'en abaissant la richesse de l'eau côtière en ions azotés (nitrate et ammonium), et non en tentant de baisser les apports terrigènes de phosphore. La confirmation *in situ* de cette conclusion est détaillée à la *Clé 10*.

Alors jusqu'où faut-il redescendre la concentration en nitrate des fleuves côtiers incriminés pour réduire substantiellement les marées vertes ? Une première réponse peut être obtenue en rapprochant la chronologie passée du phénomène « marée verte » avec celle de l'évolution de la richesse des fleuves en nitrate. Échantillonnée à plusieurs reprises chaque année depuis 1971 sous le contrôle du ministère de l'Environnement et de l'Agence de l'eau Loire-Bretagne, la teneur moyenne en nitrate des rivières bretonnes est passée de 4,7 mg/L en 1971 à 38 mg/L en 1998 pour redescendre vers 28 mg/L en 2014 (*voir Clé 22*). Des pics de concentration atteignant cent vingt milligrammes par litre ont été mesurés au début des années 90 sur le Gouessant et l'Ic en Côtes-d'Armor, et jusqu'en 2001, sur l'Horn en Finistère. Or, on sait que la nuisance « marée verte » a été officiellement mentionnée dès 1970 dans la baie de Saint-Michel-en-Grève, la plus sensible de Bretagne par son confinement. Il semble donc que les sites les plus sensibles puissent développer des marées vertes significatives dès cinq à dix milligrammes par litre de nitrate. Le fait que les marées vertes se soient généralisées à Saint-Brieuc, Douarnenez, Concarneau dans les années 70 indique que les sites moins sensibles sont touchés quand on aborde les dix ou quinze milligrammes par litre dans les fleuves côtiers concernés. Mais une évaluation plus directe a pu aussi être obtenue par la modélisation mathématique des sites à marée verte (*voir Clé 21*).

Décomposition d'ulves échouées en estuaire

Comment parvenir à limiter la concentration en nutriments d'un fleuve côtier en dessous de seuils fixés dépasse le cadre de cet ouvrage. L'idéal est naturellement de baisser les apports de fertilisants en amont et d'utiliser des pratiques culturales causant peu de fuites d'azote. Quand celles-ci restent encore élevées, le recours à des techniques de piégeage et de sortie des eaux reste nécessaire. C'est ainsi que les stations d'épuration concentrent le phosphore dans des boues solides et renvoient une partie de l'azote dans l'atmosphère par dénitrification. Dans le cas des marées vertes, en raison de leurs capacités dénitrifiantes naturelles, les milieux naturels hydromorphes (zones humides de bas-fonds de vallée, marais) ont été protégés, voire restaurés, dans les huit bassins du Plan de lutte contre les algues vertes. Une expérience-pilote de restauration d'un marais maritime a été menée au milieu des années 90 en baie de Douarnenez, démontrant une capacité à réduire de moitié la teneur en nitrate d'un bras de cours d'eau, à condition que son débit soit faible. Mais la faible superficie disponible de marais sur les sites à marées vertes limite malheureusement beaucoup l'impact de ce moyen naturel de lutte.

21 Quel est l'apport des modèles mathématiques développés par les scientifiques ?

Un modèle mathématique peut être considéré comme un ensemble d'équations permettant de reproduire quantitativement les principales caractéristiques observées d'un phénomène naturel. La complexité et surtout la taille du système d'équations différentielles permettant de décrire la dynamique d'un écosystème imposent le recours à de puissants ordinateurs pour résoudre une approximation numérique de ces équations, d'où le nom fréquemment employé de modèles « numériques ».

En zone côtière, les modèles s'appuient sur un maillage bathymétrique représentant la forme des fonds marins, surmonté par quelques dizaines de couches d'eau. Ils doivent d'abord simuler les courants dus à la marée et au vent, la pénétration de la lumière solaire, ainsi que le transport et le mélange corrects dans les eaux marines aussi bien de la chaleur solaire que de l'eau douce et des nutriments amenés par les fleuves. Les modèles ciblés sur les proliférations de macroalgues ou de phytoplancton ne simulent que les éléments chimiques susceptibles de limiter à un moment ou à un autre la croissance algale, c'est-à-dire les éléments azote, phosphore et silicium (pour les diatomées du phytoplancton), mais pas le carbone ni le potassium, surabondants en milieu marin.

En ce qui concerne les baies bretonnes, lourdement polluées par des proliférations d'ulves, les études par modélisation ont clairement pronostiqué, dès 1988, l'absence d'effet des réductions d'apports fluviaux de phosphore, contrastant avec l'effet appréciable, mais non-linéaire, des réductions d'apports fluviaux azotés. Dix années de réduction intensive des apports urbains de phosphate ont apporté une remarquable confirmation de ces prévisions. Aucune diminution des « marées vertes » n'a pu être constatée sur plusieurs sites du département des Côtes-d'Armor, malgré une très visible chute des concentrations de phosphate dans l'eau de mer littorale. Le niveau auquel il faudrait redescendre la concentration en nitrate des fleuves côtiers responsables des marées vertes a été évalué à l'Ifremer par modélisation dès la fin des années 80 pour la baie de Saint-Brieuc, puis pour la rade de Brest et la baie de Douarnenez. La valeur-guide à ne pas dépasser, évaluée à dix milligrammes par litre, fut reprise par l'administration des Côtes-d'Armor dès 1999, puis confirmée de façon détaillée sur cinq des sites bretons les plus touchés par le Ceva au cours des années 2010. Ramener à moins de dix milligrammes par litre les teneurs en nitrate des rivières concernées (Gouessant, Gouët, Yar, Douron, Lapic,...) permettrait de diminuer d'au moins 50 % la biomasse d'ulves échouées (*voir tableau*). Ce seuil sera repris en 2011 par le Conseil économique social et environnemental de Bretagne (Ceser) dans son rapport intitulé *Les marées vertes en Bretagne : pour un diagnostic partagé garant d'une action efficace*. En Bretagne, en raison des très fortes teneurs en nitrate (trente à soixante-dix milligrammes par litre) de nombreuses petites rivières issues de bassins à agriculture très intensive, les modèles ont montré qu'une réduction modérée des concentrations actuelles de nitrate ne peut pas amener de réduction notable de la production d'algues vertes dans les sites très confinés.

Abattements simulés (%) de la marée verte en fonction de la teneur en nitrate imposée dans les fleuves côtiers tributaires des baies (d'après Perrot *et al.*, 2014)

Teneurs en nitrate imposées dans les fleuves	Lannion 2005	Douarnenez 2005	Saint-Brieuc 2002	Guisseny 2005	Fresnaye 2004
5 mg l^{-1}	**69**	**77**	**54**	**71**	**74**
10 mg l^{-1}	**51**	**60**	41	**53**	**62**
15 mg l^{-1}	36	44	30	41	**51**
20 mg l^{-1}	23	29	-	31	42
25 mg l^{-1}	13	15	-	25	31
30 mg l^{-1}	6	8	-	18	24

En gras, les situations où l'on obtient une réduction de marée verte dépassant les 50 %.

Un modèle permet également le calcul de grandeurs difficilement mesurables sur le terrain, voire totalement inaccessibles. Dans la plupart des baies à marées vertes, la mer côtière est le réceptacle de multiples sources d'éléments nutritifs (apports de fleuves, rejets urbains côtiers, reminéralisation de déchets d'activités aquacoles ou de pêche...), qu'elle mélange progressivement.

Une diminution efficace et aux moindres frais d'une marée verte suppose d'évaluer les rôles respectifs de ces diverses sources dans l'alimentation des algues. Or, dès que le nombre de sources dépasse deux ou trois, il n'existe pas assez de formes différentes (isotopes) de l'atome d'azote ou de phosphore, ni de différences suffisamment fortes des compositions isotopiques des diverses sources pour espérer pouvoir calculer de façon univoque, à partir de mesures faites sur le terrain, la part de chacune des sources dans le mélange mesuré. Le traçage numérique de chaque source peut par contre répondre à la question, en suivant dans le modèle numérique un élément chimique (azote ou phosphore) non seulement au cours de la dilution et du transport en mer de la masse issue de la source, mais encore au cours du passage de cet élément à travers ses différentes formes biogéochimiques, vivantes ou non. Appliquée aux « marées vertes » à ulves de Bretagne, cette technique de traçage numérique a bien montré le rôle majeur de certains fleuves côtiers, mais également le changement saisonnier possible du fleuve majoritairement responsable.

22 Combien d'années de lutte faut-il pour réduire substantiellement une marée verte ?

Les algues vertes étant des végétaux de type annuel, l'abondance de la marée verte de l'année en cours pourrait être considérée comme dépendant quasi exclusivement des conditions physico-chimiques prévalant de mars à octobre de cette même année. Une action énergique durant l'année en cours pour rendre très limitant l'un des quatre facteurs énumérés à la *Clé 10* devrait donc suffire à réduire considérablement la marée verte. De fait, la nature elle-même a parfois confirmé cette réponse quasi instantanée de la marée verte aux conditions de l'année en cours. En Bretagne, les années à printemps et été très secs (1989, 1990, 2003, 2005, 2010, 2011), induisant des étiages très prononcés des fleuves côtiers et donc des apports nutritifs très diminués, ont correspondu à des marées vertes très peu abondantes. De même, la réduction très forte de la biomasse hivernale dispersée par les tempêtes de début 2014 a considérablement retardé et réduit les biomasses d'ulves l'été de cette même année sur les côtes bretonnes.

On a vu toutefois à la *Clé 7* qu'une marée verte n'est pas totalement sans mémoire. La biomasse maximale caractéristique d'un site sera d'autant plus vite atteinte l'année en cours qu'un reliquat important d'ulves de l'année précédente aura survécu à l'hiver séparant les deux années. En réalité, ce qui ralentira le plus la restauration des sites les plus sensibles, même en cas de réduction soudaine des apports de nitrate, sera la mémoire de certaines composantes du paysage, beaucoup plus longue et plus prégnante que la mémoire de la marée verte elle-même.

Le sédiment vaseux des estuaires ou des lagunes constitue par exemple un important accumulateur de phosphore, qui pourra relarguer du phosphate pendant des décennies même si les apports des fleuves ont été très réduits. Dans les étangs palavasiens, le transfert en mer des rejets urbains de la ville de Montpellier (fin 2005), puis de Palavas, a permis d'observer en grandeur nature la vitesse de restauration écologique de lagunes, très peu profondes, au sédiment saturé en phosphore. De 2006 à 2011, plusieurs de ces lagunes ont montré une diminution mesurable de leur phosphore sédimentaire, mais le compartiment macroalgues n'a toujours pas montré d'amélioration nette.

Évolutions comparées de la teneur en nitrate des eaux de surface et souterraines et de la fertilisation azotée minérale et organique en Bretagne (d'après Aquilina *et al.*, 2012)

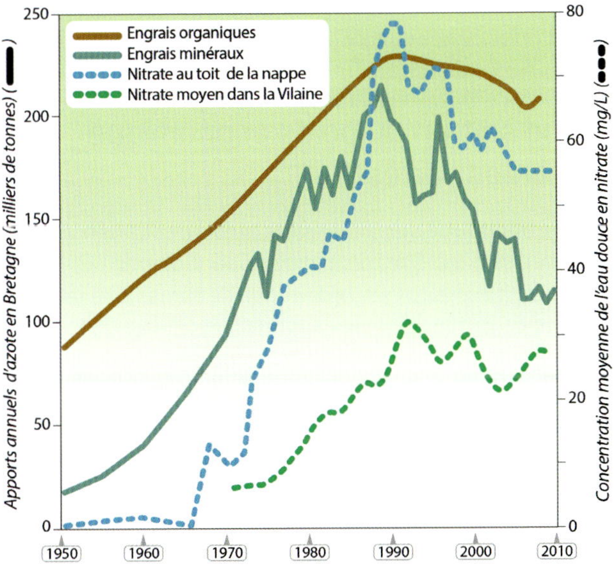

Quant au nitrate, le compartiment le plus accumulateur est situé dans les bassins versants. D'une part, la matière organique des sols peut demander plusieurs années à perdre son azote, d'autre part, la percolation du nitrate dissous vers la nappe phréatique a constitué sous certains bassins versants (à sous-sol granitique) de vastes réservoirs d'eau souterraine, très concentrée en nitrate, et dotée d'un renouvellement lent, allant de quelques années à quelques dizaines d'années. Comme on l'a vu à la *Clé 12*, les bassins versants à forte nappe phréatique, comme celui du Yar, responsable de la marée verte de Saint-Michel-en-Grève, seront les plus longs à évacuer leur excédent de nitrate. Globalement pourtant, les bassins versants de Bretagne montrent une réactivité assez grande à l'évolution des pressions azotées. Une étude s'appuyant sur les mesures disponibles depuis les années 50 en Bretagne montre ainsi que la teneur en nitrate des eaux de surface (rivières et fleuves), mais aussi des eaux souterraines, a suivi de très près l'évolution des apports d'engrais organiques et chimiques sur les terres agricoles. Croissantes de 1950 à 1995, les concentrations de nitrate ont commencé à redescendre dès que la fertilisation a diminué, en partie grâce à de nouvelles réglementations. Même si certaines nappes gardent la mémoire de la pollution nitratée durant plusieurs décennies, cela montre que beaucoup de réservoirs d'eau ont en fait un temps de renouvellement assez rapide, ce qui autorise à penser que l'on verra en quelques années l'effet bénéfique de programmes de réduction énergique des fuites de nitrate.

23 Que sait-on du poids économique des marées vertes ?

Le coût économique des différentes nuisances causées par les marées vertes n'est que très partiellement connu.

Le coût direct concerne les opérations de ramassage ainsi que les efforts de diminution des apports de nitrate. En Bretagne, on connaît chaque année le coût du ramassage subi par les communes (il fluctue entre un demi et un million d'euros), ainsi que celui des quatre déchetteries spécialisées mises en place depuis 2011 (près de quatre millions d'euros pour la construction d'une plateforme de compostage dédiée, puis coût de fonctionnement d'environ trente euros par mètre cube traité). On connaît également le coût des programmes successifs consacrés spécifiquement aux marées vertes : dix-sept

Ramassage d'algues vertes à Postolonnec, en baie de Douarnenez

millions d'euros pour le programme Prolittoral (2002-2006), cent trente-quatre millions d'euros de 2010 à 2015 pour le premier PLAV (Plan de lutte contre les algues vertes), et cinquante-cinq millions d'euros de 2017 à 2021 pour le second. À cela, il faudrait rajouter une partie des coûts des diverses aides publiques investies en Bretagne, depuis les années 90, pour assurer une bonne qualité de l'eau potable et un bon état écologique des masses d'eau, dont le montant cumulé est de l'ordre du milliard d'euros : le Programme national de maîtrise des pollutions d'origine agricole (1994 à 2007) estimé à environ trois cent quarante millions d'euros pour la Bretagne, les Plans régionaux Bretagne Eau Pure 1, 2 et 3 (1993-2006) chiffrés à quatre cent dix millions d'euros, le Plan régional Bassins versants en contentieux nitrates (2007-2010) évalué à soixante millions d'euros, et le Grand Projet 5 (État-Région) de 2007 à 2013 fixé à cent quarante-quatre millions d'euros. Cela peut paraître relativement faible vis-à-vis des flux monétaires transitant dans l'agroalimentaire et dans le tourisme bretons (chiffres d'affaires annuels respectifs de seize milliards et demi d'euros pour la première et plus de six milliards et demi d'euros en 2011 pour le second). Il ne faut toutefois pas oublier qu'il s'agit là d'argent public fourni par le contribuable. Des économistes de l'École nationale supérieure d'Agronomie de Rennes ont d'ailleurs prôné, dès 2002, une diminution des aides publiques au traitement du lisier et recommandé une baisse de la fertilisation minérale, voire une taxation des engrais chimiques.

Dans les lagunes méditerranéennes françaises, le coût de ramassage estival des ulves par bateau faucardeur et mise en déchetterie est évalué à trois cents euros par hectare par an.

Le coût des très grandes marées vertes mondiales reste très mal connu. À Qingdao, l'épisode de 2008 aurait coûté environ vingt-trois millions de dollars pour le ramassage.

Le coût indirect, multiforme, est beaucoup plus difficile à chiffrer. Si à Qingdao, on parle en 2008 d'un manque à gagner de l'ordre de soixante-dix-sept millions de dollars pour l'aquaculture chinoise, force est de constater qu'en Bretagne, aucune étude n'a vraiment évalué le manque à gagner des professionnels du tourisme, de la conchyliculture* et de la pêche côtière depuis que la gêne causée par les marées vertes est devenue récurrente, c'est-à-dire depuis le début des années 70. Plus difficile encore est l'estimation des pertes de bien-être, créées par les marées vertes. Pour l'ensemble « nitrates-marée verte », l'association Bretagne Terres d'eau pure a évalué la perte à cinq cents millions d'euros sur trente ans pour la commune d'Hillion dans la baie de Saint-Brieuc. Ce chiffre prend en compte les différents manques à gagner pour les collectivités et les particuliers, ainsi que les travaux nécessaires à la dénitratation de l'eau potable.

Signalons enfin que la « marée brune » de sargasses a mobilisé onze millions d'euros pour son ramassage en 2014-2015 sur les côtes antillaises, et aurait causé un manque à gagner de près de cinq millions d'euros en Guadeloupe pour le seul premier semestre 2015.

24 Pourrait-on tirer de l'énergie des algues vertes ?

La matière carbonée des algues vertes peut servir de combustible, leurs sucres pourraient fournir de l'alcool et du méthane par fermentation. Mais le premier handicap des ulves fraîches est leur forte teneur en eau, entre 80 et 90 %, ainsi que l'éventuelle présence de particules sédimentaires siliceuses ou calcaires, surtout si elles ont été collectées une fois échouées

Installation de méthanisation à la station expérimentale porcine de Guernévez

sur les plages. La richesse de la matière sèche des ulves en cendres, et particulièrement en alcalins (sodium et potassium) crée un risque élevé de fusion des cendres dans les réacteurs de combustion ou de gazéification, encore aggravé si les ulves sont mêlées à des grains de sable siliceux. Plusieurs pays ont pourtant tenté depuis trente ans de valoriser les algues vertes par une production énergétique.

Évaluée dès 1979 aux États-Unis, la possibilité de production de biogaz méthane par fermentation anaérobie d'algues vertes a été approfondie en Bretagne par le Centre d'étude et de valorisation des algues (Ceva) de Pleubian (Côtes-d'Armor). Les résultats, publiés en 1997 puis en 2006, montrent que la méthanisation directe des ulves est peu efficace. Il faudrait intercaler un prétraitement séparant par pressage les jus efficacement fermentescibles du résidu solide. Toutefois, du fait de la teneur plutôt faible des ulves en carbone, mais de leur teneur anormalement élevée en soufre (sous forme de sulfates dans les ulvanes), au cours de la fermentation anaérobie, la flore méthanogène est rapidement concurrencée par la flore sulfato-réductrice, productrice du dangereux hydrogène sulfureux gazeux. En Italie, un projet a aussi été proposé en 2010 par les autorités de la province de Ferrare, en collaboration avec de nombreuses entreprises, laboratoires et universités de l'Émilie-Romagne, pour extraire de l'énergie soit par combustion, soit par fermentation méthanogène, des algues *Ulva rigida* proliférant dans la lagune Sacca di Goro, au sud du delta du Pô.

La fermentation anaérobie des sucres de l'ulve ne s'avère pas d'un bon rendement en raison de la trop grande abondance du rhamnose. Pourtant, l'université d'Aarhus au Danemark a investi près d'un million et demi d'euros dans différents projets déployés sur la période 2007-2011.
Force est de constater, en 2017, qu'aucun projet dans le monde n'a dépassé le stade de prototype, et qu'aucune valorisation énergétique opérationnelle des algues vertes n'a vu le jour, à la fois pour des questions d'efficience technique, de coûts trop élevés et d'incertitude sur la régularité de l'approvisionnement en ulves, trop saisonnier et irrégulier d'année en année.

25 Pourrait-on extraire des molécules intéressantes des algues vertes ?

En dehors de l'alimentation humaine ou du bétail, déjà examinée à la *Clé 13*, quelques applications originales ont permis de valoriser certains constituants spécifiques de l'ulve.
Depuis les années 90, des fragments d'ulves riches en pigments chlorophylliens sont parfois ajoutés à la ration alimentaire pour améliorer la couleur du jaune des œufs de poules pondeuses ou la pigmentation de crevettes. Les ulves permettent, en outre, de contrebalancer le mauvais goût des animaux d'élevage causé par l'adjonction simultanée, dans leur ration, de farines de poissons destinées à augmenter leur teneur en acides gras poly-insaturés de type oméga 3.
Caractéristiques des ulvacées, les ulvanes, riches en rhamnose, ont permis de créer des tensioactifs « verts » par greffage direct de chaînes lipidiques. De même, leur richesse en acide iduronique, constituant majoritaire de la molécule d'héparine (anticoagulant puissant), a motivé des essais de production d'héparine à base de matière première algale, ce qui permettrait de réduire l'extraction d'héparine à partir de tissus animaux.
Une étude Inra de 2016 a montré que des ulvanes présentaient un pouvoir inhibiteur sur la multiplication d'une quarantaine de souches bactériennes courantes dans les élevages. Dans le Morbihan, la société Olmix incorpore des extraits d'algues vertes à des argiles, de manière à écarter les feuillets minéraux de l'argile par les polysaccharides ulvanes et à augmenter ainsi leur capacité d'adsorption. Le mélange, commercialisé sous le nom d'amadéite, aurait des propriétés antifongiques destinées à réduire le recours aux médicaments pour les animaux.

Contenant de la cellulose sans lignine, et des ulvanes qui peuvent jouer le rôle de colle, les algues vertes ont été utilisées comme matière première dans la confection de papiers et de cartons. À Vicence, près de Venise, un industriel italien du papier, Favini, a commencé dès 1995 à fabriquer du papier en mélangeant un tiers de poudre d'algues desséchées à deux tiers de cellulose, et incorpore actuellement jusqu'à 50 % d'algues dans l'*Alga Carta*, partiellement sous forme de fragments visibles dans le papier. Mais la production ne s'élevait qu'à 130 tonnes de papier en 2010, sur une production annuelle totale de 70 000 tonnes de papier pour cet industriel. En Bretagne, après élimination de l'eau d'ulves fraîches par pressage à froid, le Ceva et l'IUT de Saint-Brieuc ont appliqué le procédé dit de « cellulose moulée » pour confectionner des godets et des pots pour l'horticulture, comme on produit des boîtes à œufs. La paroi du godet relarguera ensuite dans le terreau des éléments minéraux dont profitera le jeune plant, et sera finalement facilement dégradée. Dix mille tonnes d'algues fraîches pourraient fournir mille tonnes de papier-carton par an, à condition bien sûr que la viabilité économique du procédé se vérifie. Utilisant également les nanofibres de cellulose contenues dans les algues vertes filamenteuses *Cladophora*, des scientifiques suédois ont élaboré par pressage, en 2014, des papiers-filtres à pores calibrés suffisamment fins pour retenir la plupart des virus présents dans l'eau douce peu ou pas traitée et destinée à la boisson, ce qui permettrait une amélioration à faible coût de l'hygiène dans de nombreux pays du monde.

Affiche du collectif « Urgence marées vertes »

Comment la société perçoit-elle les marées vertes ?

26 Qui se plaint des marées vertes ?

La gêne causée par les marées vertes commence par l'occupation des plages ou des petits fonds par la biomasse accumulée, rendant ces sites impropres aux loisirs balnéaires, aux activités de pêche à pied ou avec filets et palangres, et gênant la mytiliculture* sur bouchots. Les ostréiculteurs sont eux aussi touchés, mais plutôt par les espèces d'*Ulva* fixées en ruban (ex *Enteromorpha*) qui, en colmatant les poches à huîtres, quadruplent le temps de travail d'entretien. Pour beaucoup, cette prolifération anormale crée également une gêne visuelle, des plages de sable fin se trouvant transformées en étranges prairies vertes, puis en champs d'épandage. Mais la nuisance la plus prégnante, celle qui fait fuir les touristes et qui désole quotidiennement les riverains en été, est la puanteur causée par les émissions d'hydrogène sulfuré, de mercaptan, d'ammoniac et de gaz soufrés divers. La plainte émise, dès 1971, par les habitants de Saint-Michel-en-Grève parle déjà d'une « masse blanchâtre, mousseuse, nauséabonde, transformant la grève de sable fin en un tas de fumier dont l'odeur infecte se répand jusqu'à l'intérieur des terres. »

Au plus fort de la marée verte, occupant de vastes surfaces de sa lagune, Venise devenait aussi irrespirable. Les pouvoirs publics niaient la dangerosité de l'air chargé d'hydrogène sulfuré. La population, atteinte de nausées, vertiges, irritations respiratoires et diarrhées, voyait fuir les touristes. Elle déplorait également la détérioration des œuvres d'art contenant des métaux précieux ou les monuments en calcaire d'Istrie, chimiquement attaqués par les émanations acides. Durant l'été de 1988, Venise subit, outre les odeurs de putréfaction, une telle pullulation de moucherons qu'il fallut momentanément arrêter tout trafic ferroviaire et aérien.
En Bretagne, ce sont les riverains permanents qui ont émis les premières plaintes, dès 1971 à Saint-Michel-en-Grève. Les touristes de passage s'y sont joints, comme en 1997, à La Forêt-Fouesnant. La récente prise de conscience de la dangerosité des émanations gazeuses a fait naître des plaintes spécifiques du voisinage des décharges à l'air libre (Hillion par exemple, en baie de Saint-Brieuc) où étaient déposées les algues collectées sur les plages avant la construction de plateformes couvertes de stockage. Cette plainte diffuse a été partiellement canalisée et amplifiée par des associations de défense de l'environnement, dont l'une au moins était spécifiquement dédiée à la lutte contre les marées vertes : « Halte aux marées vertes », fondée en 2000 par André Ollivro, et dissoute en 2014. En tant que signe de la dégradation écologique des eaux douces et marines, les marées vertes sont aussi devenues l'un des dossiers majeurs d'une association de défense de la qualité de l'eau en Bretagne, « Eau et Rivières de Bretagne ». La prise en charge des récriminations publiques diffuses par des associations structurées a alors permis d'amplifier la résonance médiatique (*voir Clé 32*) et de porter le dossier des marées vertes devant la justice (*voir Clé 33*). Ce sont donc majoritairement des particuliers, souvent regroupés en associations, qui sont à l'origine de l'essentiel des plaintes. Cela contraste avec la mention très discrète, voire l'occultation, du problème par les instances professionnelles du tourisme et les politiques (de la commune jusqu'à l'État), sauf au moment des épisodes aigus qui ne peuvent être masqués. La médiatisation de la nuisance est souvent considérée par les acteurs économiques et politiques locaux comme une dévalorisation insupportable de la région (*voir Clé 32*). Seuls quelques maires de communes, très lourdement touchées, ont osé rendre public leur désarroi, notamment devant le fait que la société a su juguler d'autres

pollutions (métaux lourds, bactéries pathogènes, phosphate, marées noires) par la réglementation, mais ne semble pas parvenir, en quarante ans, à limiter suffisamment les fuites de nitrate vers les milieux aquatiques.

27 Les marées vertes sont-elles dangereuses pour l'homme ?

Il faut d'abord rappeler que, tant qu'elles sont bien vivantes, les macroalgues vertes en général ne sont absolument pas toxiques ni pour l'homme, ni pour la faune. Deux espèces du genre *Ulva* sont d'ailleurs officiellement autorisées dans l'alimentation humaine, à condition qu'elles aient été collectées vivantes dans une eau marine non polluée. La dangerosité des algues vertes résulte donc uniquement de leur décomposition, surtout en mode anaérobie. Outre que ces centaines de tonnes de matière organique en décomposition entraînent une pullulation bactérienne sur les estrans, leur évolution en mode anaérobie s'enclenche dès qu'elles restent entassées quelques jours, soit exondées en dépôts épais sur les hauts d'estran, soit ensevelies par les apports de sédiments dans les vasières d'estuaire. En haut de plage, décolorées par la photolyse des pigments et desséchées par le soleil et le vent, les ulves en surface des dépôts constituent vite une croûte blanchâtre rigide. Imperméable aux échanges gazeux, cette croûte empêche la diffusion d'oxygène depuis l'atmosphère et bloque en sens inverse le dégazage de l'hydrogène sulfuré produit par la fermentation sulfato-réductrice des algues entassées. Un animal ou un humain marchant dans ces dépôts en décomposition, en crevant la croûte superficielle, libère alors instantanément un jet très concentré d'hydrogène sulfuré et d'ammoniac, d'autant plus dangereux qu'on le respire près du sol. Notons également que tout stockage en masse de plusieurs heures, voire de plusieurs jours, à l'occasion d'opérations de ramassage, recrée artificiellement les conditions propices à la fermentation anaérobie, ce qui rend dangereux, à l'ouverture, les bennes couvertes remplies

Dépôt d'algues vertes en putréfaction en haut de plage

d'algues décomposées, comme le déplacement d'algues entassées à terre depuis des jours.

L'hydrogène sulfuré est un poison de la respiration tissulaire : en se fixant sur le fer de l'enzyme respiratoire appelée cytochrome oxydase, il bloque la chaîne de transport d'électrons et arrête la respiration cellulaire. Si l'on connaît bien l'hydrogène sulfuré à faible concentration pour son odeur d'œuf pourri, on sait moins qu'il n'est plus perçu pour des concentrations élevées, en raison de l'anesthésie olfactive qu'il provoque. L'Institut national de l'environnement industriel et des risques (Ineris) a fourni, en 2004, des « seuils d'effets létaux » (SEL) et des « seuils d'effets irréversibles » (SEI), exprimés en partie par million (1 ppm = 1,4 milligramme par mètre cube). Le seuil d'effets létaux pour un temps d'exposition donné est la concentration d'hydrogène sulfuré dans l'air qui provoque le décès de 1 % (SEL 1 %) ou de 5 % (SEL 5 %) des sujets. Le seuil des effets irréversibles pour un temps d'exposition donné est la concentration d'hydrogène sulfuré dans l'air en dessous de laquelle on n'observe en général pas d'effets irréversibles. Les concentrations d'hydrogène sulfuré dépassant les 1 000 ppm causent une perte de connaissance dès les premières inspirations et un arrêt cardio-respiratoire. L'hypoxie prolongée cause des lésions au cerveau, au cœur et un œdème pulmonaire, rapidement mortels. Les personnes qui tentent de secourir les intoxiqués peuvent elles-mêmes être victimes de sur-accidents. En cas d'intoxication aiguë, mais non mortelle, des troubles neurologiques et ophtalmiques peuvent subsister pendant plusieurs semaines.

Dégagement de bulles de sulfure d'hydrogène au-dessus de sédiment gorgé d'ulves en putréfaction (estuaire du Gouessant en baie de Saint-Brieuc)

Seuils de toxicité de l'hydrogène sulfuré en fonction de la durée d'exposition

Durée d'exposition (min.)	SEI (ppm)	SEL 1 % (ppm)	SEL 5 % (ppm)
1	320	1521	1720
10	150	688	769
20	115	542	605
30	100	472	526
60	80	372	414

Source : Ineris

De 2005 à 2009, les pouvoirs publics ont organisé des campagnes de mesure en lisière de plages à marée verte (Saint-Michel-en-Grève, Hillion, Douarnenez) réalisées par la société Air Breizh. Effectuées loin des tas d'ulves en décomposition, ces mesures sont restées au-dessous de 2 ppm. Par contre, des mesures faites par le Ceva, en 2006, à cinq mètres environ des dépôts en cours de manipulation par les engins de ramassage, ont dépassé les 10 ppm. Quant aux mesures faites par l'Ineris en 2010 au-dessus des dépôts d'algues pourries de l'embouchure du Roscoat à Saint-Michel-en-Grève, elles ont atteint plusieurs centaines de ppm, la plus élevée s'élevant à 1030 ppm, soit près de 1500 milligrammes par mètre cube d'hydrogène sulfuré. Cela explique rétrospectivement les morts abondamment médiatisées : deux chiens à Hillion en 2008, un cheval enlisé dans l'embouchure du Roscoat à Saint-Michel-en-Grève et un chauffeur de camion transportant des algues en 2009, puis une trentaine de sangliers dans l'estuaire du Gouessant en 2011. Cela expliquerait aussi la mort, en juin 1989, d'un coureur à pied, déjà à l'embouchure du Roscoat à Saint-Michel-en-Grève, puis d'un second coureur en septembre 2016 dans l'estuaire du Gouessant, sans parler de celles de nombreux chiens et d'oiseaux sauvages non relatées. Les travailleurs préposés au ramassage sont particulièrement exposés au risque d'inhalation répétée de teneurs sub-létales, qui peuvent provoquer des irritations des yeux, des voies respiratoires, des perturbations graves de la vue, voire des pertes de connaissance pouvant déboucher sur un coma, comme celui d'un conducteur d'engin en juillet 1999 à Saint-Michel-en-Grève. Bien que l'hydrogène sulfuré soit mondialement connu comme la seconde plus importante cause d'intoxication mortelle au travail (après le monoxyde de carbone), le risque sanitaire associé aux algues en putréfaction a été, durant deux décennies, minimisé, voire nié, par les pouvoirs publics de Bretagne, et ce, malgré les mises en garde de certains médecins ou d'associations de protection de l'environnement. Il a réellement été pris en compte à partir de 2010, puis traduit en obligations concrètes de protection des personnes, après la certification officielle de la dangerosité des ulves en

Sanglier mort en juillet 2011 dans l'estuaire du Gouessant (baie de Saint-Brieuc)

Oiseau mort dans les algues vertes en décomposition

décomposition par le rapport de l'Anses de juin 2011. Les personnels exposés lors des activités de ramassage doivent à présent disposer d'un détecteur en temps réel d'hydrogène sulfuré, qui sonne dès que l'air contient plus de 10 ppm. Dans ce cas, le personnel doit alors utiliser un masque à gaz et s'éloigner de la zone trop contaminée. Les engins de ramassage doivent aussi avoir une cabine fermée avec filtration de l'air et climatisation.

28 Comment surveille-t-on scientifiquement les marées vertes ?

La surveillance annuelle des marées vertes utilise diverses techniques d'échantillonnage. Pour les très grandes marées vertes, visibles depuis l'espace (lagune de Venise, mer de Chine), le satellite s'avère un bon moyen pour inventorier les algues vertes à la surface de l'eau et leur éventuelle dérive. Pour cartographier ses sites plus petits et plus nombreux, la Bretagne a fourni, depuis le début des années 90, un très important effort humain et financier pour la photographie aérienne. Depuis 2002, le Ceva est chargé de réaliser, ponctuellement chaque année, des mosaïques de photographies à l'aplomb de tous les sites impactés, à partir d'un avion de tourisme volant, si possible, aux heures de marée basse de grandes marées. Ces clichés, corrigés des déformations et traités numériquement, servent à fournir les superficies couvertes de dépôts d'algues. Sur les grands sites, ces superficies sont converties en biomasse grâce à des échantillons géolocalisés et pesés sur le terrain. Cela permet d'évaluer en temps quasi réel la situation sur le littoral breton, et de construire, année après année, des séries temporelles de biomasses d'algues. Ces séries montrent autour d'un cycle saisonnier moyen des fluctuations inter-annuelles. On a pu les relier à la météorologie de l'année, notamment à l'abondance des pluies printanières et estivales, génératrices de lessivage de nitrate dans les bassins versants générant des apports azotés plus importants à la mer. Le coût de cette surveillance annuelle est supporté par les régions et l'agence de l'eau.

Mais les marées vertes ont une composante immergée, tant en lagunes qu'au large des plages. La turbidité de l'eau rendant la photographie aérienne inopérante pour cartographier les ulves en dérive, dès que la profondeur dépasse quelques mètres, il faut avoir recours à la photographie sous-marine effectuée à environ deux mètres au-dessus du fond, soit par un engin

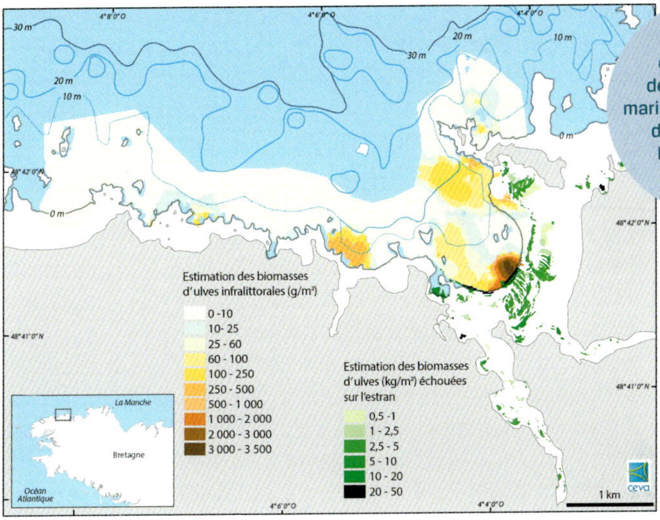

Répartition en août 2013 des ulves sous-marines ou échouées dans l'anse du Dossen, Nord Finistère

remorqué, soit par un plongeur tracté. Le Ceva utilise cette deuxième technique pour fournir la carte des dépôts mobiles d'ulves immergées pour quelques sites bretons.

De façon indépendante par rapport aux cartographies de biomasse, la surveillance des marées vertes, réalisée en Bretagne par l'Ifremer puis le Ceva, s'est aussi attachée à mesurer, chaque année, pour quelques grands sites, le degré de limitation de la croissance des algues par l'azote et le phosphore. L'analyse du tissu d'ulves prélevé sur les estrans, effectuée ponctuellement, a permis d'évaluer l'évolution saisonnière de la carence des ulves en azote et phosphore. Elle a aussi donné l'occasion de vérifier que l'azote reste l'élément à faire baisser le plus tôt possible dans l'année pour limiter la croissance printanière des algues.

29 Que fait l'administration pour diminuer la nuisance ?

La plus ancienne des actions mises en place a visé à diminuer, dans l'urgence, la gêne estivale aux activités touristiques. La collecte mécanique des algues a été organisée chaque année sur les seuls sites vraiment touristiques, les plages de Bretagne et la lagune de Venise en Italie, essentiellement. Ont ainsi été exclus de cet effort de nettoyage les petites grèves isolées et les étangs lagunaires peu fréquentés. En France, la dangerosité sanitaire des algues en putréfaction ne s'étant imposée qu'en 2010, l'administration préfectorale a dû instaurer, sous la pression des évènements, la collecte obligatoire des dépôts dangereux et leur traitement en plateforme sécurisée. Les maires des communes littorales peuvent, pour leur part, interdire l'accès public aux estrans qui seraient rendus dangereux par des dépôts d'ulves en décomposition, peu accessibles aux engins de ramassage.

Une action d'ordre préventif a, par ailleurs, été lancée dès la fin des années 80, en lien avec l'émergence des obligations européennes de restauration des milieux aquatiques. En Bretagne, arguant des opérations similaires en eau douce, et ne souhaitant pas affronter le monde agricole, l'administration du Conseil général des Côtes-d'Armor s'est contentée durant dix ans, de focaliser les efforts sur la réduction des apports de phosphate (alors qu'il fallait diminuer ceux de nitrate) et de cibler uniquement les apports urbains (alors que les apports d'origine agricole étaient majoritaires). À partir de 1994, en raison des obligations des directives européennes sur les eaux résiduaires urbaines et sur les nitrates (*voir Clé 30*), l'administration a lancé une succession de plans de réduction des pollutions azotées, à caractère obligatoire pour l'assainissement des rejets urbains, toujours fondés sur le volontariat des agriculteurs pour les pollutions d'origine agricole. Même si le second plan de maîtrise des pollutions d'origine agricole (2000-2007) a augmenté la capacité de stockage et la valorisation des effluents d'élevage, diminuant d'autant les excès de balance azotée des exploitations bretonnes, la Cour des comptes a pointé l'inefficacité de cette approche dans son rapport annuel de 2010 : « Les politiques d'incitation et d'accompagnement restent pertinentes, mais elles doivent être simplifiées et leur attractivité renforcée. Elles ne sauraient suffire à elles seules à changer les pratiques agricoles : les redevances devraient être plus en rapport avec le coût de la dépollution et l'État pourrait durcir l'encadrement réglementaire des pratiques agricoles, renforcer le contrôle de son effectivité et en sanctionner davantage la méconnaissance. »

La Cour des comptes avait d'ailleurs déjà relevé dans son précédent rapport de 2002 un autre défaut de ces politiques publiques, celui d'appliquer à l'envers le principe pollueur-payeur à travers les redevances perçues par l'Agence de l'eau Loire-Bretagne : « … sur la période 1993-2000, les éleveurs ont bénéficié d'aides massives sans acquitter aucune redevance.

Station de compostage et de traitement des algues vertes de Kerambris, à Fouesnant (Finistère)

Ainsi, la dotation du VIIe programme sur la « Lutte contre les pollutions agricoles » représente 177 millions d'euros sur l'ensemble du bassin, alors que les redevances pollutions agricoles perçues sur la période 1993-1996 sont nulles, et atteignent à peine 0,36 millions d'euros sur la période 1997-1999. Le déséquilibre de ce financement ne s'arrête pas à cette rupture du lien entre redevances et aides financières. En effet, la participation de l'agence aux programmes de reconquête de la qualité de l'eau en Bretagne a bien eu pour conséquence un alourdissement des redevances facturées aux usagers bretons, mais celui-ci a été entièrement à la charge des ménages et des industriels, allant ainsi à l'encontre du principe pollueur-payeur. »
Dès les années 80, les scientifiques ont affirmé le rôle clé des nitrates dans la genèse des marées vertes, et leur origine majoritairement agricole. Maintes fois rappelés par les scientifiques eux-mêmes et les associations de défense de l'environnement, ces deux faits n'ont finalement été reconnus officiellement par l'Agence de l'eau Loire-Bretagne qu'à la fin des années 90. Ils l'ont été plus tardivement encore par l'État, suite aux audits effectués en 2010 puis 2012, par des inspecteurs généraux de l'Environnement, de l'Agriculture, de la Santé et de l'Intérieur, à la demande de leurs ministres respectifs.

Le Grenelle de la mer (juillet 2009) avait pourtant fixé, pour la période 2012-2014, un objectif « de réduction de 40 % des flux de nutriments provenant de sources des bassins situés en zone vulnérable et possédant une façade soumise à eutrophisation. » On sait aujourd'hui que cet objectif ambitieux n'a pu être atteint. C'est surtout l'audit de 2010, provoqué par la mort du cheval à Saint-Michel-en-Grève (un aspect sanitaire subi par des animaux domestiques), qui a vraiment constitué le point de départ du programme breton de lutte contre les algues vertes, réalisé entre 2011 et 2015 et prolongé à partir de 2017, pour agir sur les huit sites bretons les plus impactés par les marées vertes. Les collectivités locales concernées ont pu proposer un projet par baie, combinant diverses actions sur les bassins versants pour diminuer sensiblement les fuites de nitrate vers la mer. Outre l'achèvement de l'épuration déjà bien avancée des rejets domestiques et la stimulation du potentiel dénitrificateur des zones humides de fond de vallée, l'accent a été mis sur l'évolution des pratiques agricoles : épandage optimisé, généralisation des couverts d'après culture piégeant les nitrates durant l'hiver, regroupement de parcelles, etc. L'évaluation de ce plan, faite en 2015 par une troisième mission d'inspecteurs généraux, a livré un constat très mitigé, notamment en raison du « très faible engagement (8 %) de l'action « mesures agro-environnementales » qui représentait, dans la maquette initiale du plan, 40 % du montant total des subventions, et qui était pourtant une des « mesures phares » pour l'accompagnement des pratiques dans la durée. »

30 Quelles actions imposent les règlements européens ?

Par ses directives, l'Union européenne donne aux États membres des objectifs à atteindre, avec un délai de mise en œuvre. Plusieurs directives ont été émises concernant le maintien de la qualité des eaux, dont plusieurs concernent directement les marées vertes ou les nutriments qui les contrôlent. Trois directives (1975, 1980, 1998) ont d'abord fixé la qualité requise des eaux superficielles destinées à la production d'eau potable. Elles ont imposé le respect d'une teneur en nitrate inférieure à 50 milligrammes par litre dans l'eau brute prélevée pour potabilisation, tout en conseillant de ne pas dépasser la valeur-guide de 25 milligrammes par litre. En 1991, deux directives ont spécifiquement ciblé les sources urbaines (Directive Eaux résiduaires urbaines) et agricoles de nutriments (Directive Protection des eaux contre la pollution par les nitrates à partir de sources agricoles). Finalement, dans les années 2000, deux directives larges ont fixé le cadre d'une restauration des écosystèmes aquatiques : la Directive cadre européenne sur l'Eau (DCE) a établi un cadre pour une politique communautaire de maintien de la qualité de l'eau (tant en milieu continental que dans la bande côtière d'un mille marin), puis la Directive cadre européenne Stratégie pour le milieu marin (DCSMM) a fixé un cadre d'action communautaire pour la préservation du milieu marin bordant les États membres. La DCE avait pour objectif général d'évaluer l'état écologique de chaque masse d'eau, puis de mettre en place les actions permettant d'atteindre, en 2015, le bon état des différents milieux aquatiques sur tout le territoire européen. En ciblant les zones marines (jusqu'à 200 milles de la côte) sous souveraineté ou juridiction de chaque État membre, la DCSMM se fixait, certes exclusivement en zone marine, mais sur un territoire beaucoup plus vaste, le même but que la DCE qui ne s'était pas aventurée à plus d'un mille marin de la ligne de rivage.

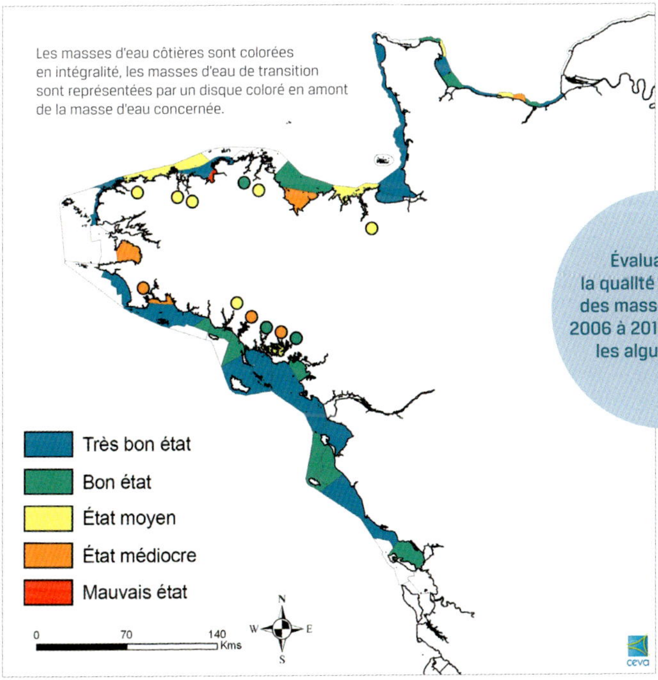

Évaluation de la qualité écologique des masses d'eau de 2006 à 2011 concernant les algues vertes

Pour ce qui est des marées vertes, il a donc fallu définir un indicateur mesurant leur importance, dans l'échelle DCE à 5 niveaux repérés par 5 couleurs allant du bleu au rouge. Étant un des rares pays confrontés à des « marées vertes » sur plages sableuses, la France a proposé une grille spécifique pour décrire l'état des plages, des milieux rocheux et des vasières vis-à-vis de l'accumulation de chlorophycées. Cette grille concernant la totalité d'une masse d'eau est fondée sur la moyenne des couvertures surfaciques et la fréquence des dépôts observés sur les six ans d'un plan de gestion DCE. Les résultats de l'évaluation sont détaillés selon trois types (type 1 : marées vertes sur plages sableuses, type 2 : marées vertes d'arrachage, type 3 : marées vertes sur vasières). La première évaluation a pu être réalisée à partir des données acquises par photographies aériennes quantitatives sur la période 2006-2011. La qualité de la masse d'eau peut être évaluée à partir de deux critères surfaciques : rapport de l'aire effectivement recouverte par les algues vertes et de l'aire des estrans de la masse d'eau potentiellement colonisables, et aire absolue de la zone effectivement recouverte d'algues vertes, quelle que soit leur densité.

Grille de qualité française concernant les algues vertes. Échelle DCE

État écologique	Très bon	Bon	Moyen	Médiocre	Mauvais
Fraction de la surface potentiellement colonisable occupée par les dépôts (%)	≤ 0,5	> 0,5 et ≤ 1,5	> 1,5 et ≤ 4	> 4 et ≤ 10	> 10
Aire (ha) du polygone encerclant les dépôts (ha)	≤ 10	> 10 et ≤ 50	> 50 et ≤ 100	> 100 et ≤ 250	> 250

On retrouve bien sur la carte résumant l'état écologique des côtes du Grand Ouest le déclassement en état moyen des masses d'eau d'Ille-et-Vilaine et du Nord Finistère, en état médiocre des baies de Saint-Brieuc, Douarnenez, Fouesnant et Concarneau, et en état mauvais du site emblématique de Saint-Michel-en-Grève (historiquement le premier touché). Or, la DCE considère que seules les masses d'eau en état très bon ou bon ne nécessitent aucun effort de restauration. Dans la nomenclature binaire de la DCSMM, ces deux états de qualité correspondent au bon état écologique, les trois autres états de la DCE (moyen, médiocre et mauvais) correspondant au mauvais état écologique. Les masses d'eau citées précédemment, classées en mauvais état écologique, doivent mettre en œuvre des programmes de restauration de la qualité. Notons cependant que, dans des masses d'eau classées en bon état européen, il peut rester des sites ponctuels très riches en algues vertes, que les Schémas directeurs de gestion et d'aménagement des eaux (Sage) locaux ont signalés et comptent traiter (plage du Moulin Blanc en rade de Brest par exemple). Le Schéma directeur d'aménagement et de gestion des eaux (Sdage) Loire-Bretagne a recensé 110 sites à algues vertes (de toutes tailles sur sable ou sur vase) sur le littoral breton, pour lesquels il faudra prendre des mesures de réduction des apports d'azote.

Couverture quasi complète du sol par une marée verte en baie de Douarnenez

Pour ce qui est des nutriments favorisant les marées vertes, essentiellement l'azote inorganique dissous (nitrate et ammonium), seule s'est imposée en eau douce la norme européenne unique de potabilité, c'est-à-dire, pour les eaux brutes captées, contenir moins de 50 milligrammes par litre de nitrate. Pour la protection des écosystèmes, chaque pays a, par contre, été laissé libre de fixer ses seuils de qualité, indépendamment en eau douce et en eau marine, et de définir des seuils différents selon les régions (*voir Clé* 39). Puisque aucune norme environnementale européenne n'a été imposée, les contentieux avec la Commission européenne n'ont donc concerné que le non-respect des normes pour les eaux superficielles destinées à la consommation humaine. La France a été condamnée trois fois (2001, 2004, 2007) par la Cour de justice des Communautés européennes pour manquement aux obligations communautaires dans le domaine de l'eau en Bretagne. En 2008, quatre prises d'eau ont dû être fermées. L'État français s'est engagé pour cinq autres à agir pour ne pas dépasser le taux requis des 50 milligrammes par litre, ce qui a été obtenu en 2015 pour trois d'entre elles.

31 Quelle est l'attitude du monde agricole face aux marées vertes ?

En Bretagne, en tant que première force économique de la région, l'agriculture a joui depuis les années 50 d'une position de force dans les instances politiques. Cela lui a permis de façonner le territoire pour répondre aux besoins de l'intensification : remembrement avec arasement des talus, implantation d'élevages hors-sol nombreux et constamment agrandis par la pratique extensions/régularisations, remplacement de prairies ou de cultures traditionnelles par le maïs, développement d'un réseau prospère de coopératives agricoles distribuant les intrants (engrais chimiques, pesticides, azote organique exogène sous forme de tourteaux de soja transgénique importés d'Amérique du Sud...). Les marées vertes, par leur localisation littorale, ne font pas partie du quotidien des agriculteurs, et ne les gênent pas directement. Des pratiques contraignantes visant à diminuer les fuites de nitrate peuvent par contre gêner indirectement leur travail professionnel générateur d'activités économiques.

D'une indifférence initiale, l'attitude de beaucoup d'agriculteurs a viré à l'agacement à partir du moment où les pratiques agricoles intensives ont été clairement désignées comme première cause de l'enrichissement en azote des cours d'eau et de la mer côtière, donc de l'apparition des marées vertes. Dès 1988, le syndicalisme agricole dominant (FNSEA, Jeunes agriculteurs, plus tard conforté par la Coordination rurale) déploiera une contre-offensive visant à persuader les pouvoirs publics et l'opinion qu'il n'existe aucun lien entre développement agricole et prolifération des algues vertes. En août 2011, après la mort de 36 sangliers qui avait entraîné la fermeture de la plage de Morieux (Côtes-d'Armor), la FNSEA a organisé une partie de football sur la plage interdite (mais pas dans les dépôts d'algues) pour dénier tout risque sanitaire créé par les marées vertes. Les représentants du monde agricole ont veillé à ce que la taxation des excédents de nitrate proposée au nom du principe « pollueur-payeur » dans la proposition de loi sur l'eau de 2002 soit abandonnée. De même, les exploitants agricoles n'ont pas eu à supporter les coûts de ramassage des algues vertes, intégralement pris en charge par les communes touchées, le département, la région et l'État. Pour éviter toute modification importante des pratiques agricoles et gagner du temps, les leaders de la communication agricole ont fait appel à plusieurs diversions, qui visent à détourner la responsabilité sur autre chose que l'azote (le phosphore par exemple) et sur une autre activité humaine que l'agriculture (les effluents de la vie urbaine insuffisamment épurés par les stations d'épuration, par exemple). À l'appui de ces diversions est organisée, tant dans les prises de position publiques de leaders syndicaux ou de bureaux d'études liés à l'agroalimentaire que dans la presse agricole spécialisée, voire parfois dans l'enseignement agricole, une remise en cause complète de l'explication scientifique établie par les chercheurs de Bretagne ou de France, ce qui permet de prétendre que les vraies causes de cette forme d'eutrophisation sont inconnues (*voir Clé 32*) et qu'il faut lancer de nouvelles (et longues) études faites par de « vrais » scientifiques étrangers. Toutefois, en marge de ce positionnement médiatique, une partie des agriculteurs intensifs reconnaît l'importance des fuites d'azote dans l'environnement et tente de les diminuer par des pratiques culturales adaptées (cultures intermédiaires pièges à nitrate, appelées Cipan) ou des traitements de dénitrification des lisiers excédentaires.

Contrastant avec l'agriculture intensive dominante, les filières d'élevage à l'herbe du Centre d'étude pour un développement agricole plus autonome (Cedapa) ou de l'agriculture biologique, ainsi que des syndicats minoritaires comme la Confédération paysanne, ont toujours prôné un usage très limité, voire nul, des intrants azotés importés (engrais chimiques, soja pour l'alimentation du bétail) ainsi qu'un cheptel adapté à la superficie

Contre-manifestation paysanne en septembre 2010, face à la manifestation anti-marées vertes sur la plage de Sainte-Anne la Palud (baie de Douarnenez).

agricole, ce qui tend à limiter efficacement les fuites d'azote vers les milieux aquatiques. Logiquement, ces filières s'insurgent contre les mesures d'aides gouvernementales à l'agriculture intensive, qui pénalisent les éleveurs qui nourrissent leurs vaches à l'herbe, et sont donc en « contradiction totale avec les préconisations scientifiques dans le cadre des plans de lutte contre les algues vertes ».

L'attitude des agriculteurs face aux marées vertes est donc très fortement conditionnée par leur mode de production et s'exprime plutôt au nom de groupes professionnels qu'individuellement.

32 Information et désinformation : quel est le poids des médias et d'Internet ?

L'information devrait diffuser une description impartiale des faits tels qu'ils sont constatés et lui adjoindre, si possible, une explication fiable et validée. Par opposition, on pourra parler de désinformation quand il y a, délibérément, déni des faits observés et/ou diffusion d'explications fausses, ou sans preuves, ou sans rapport avec le phénomène étudié. L'information peut être désintéressée, la désinformation ne l'est jamais : elle vise à protéger des intérêts privés. Information comme désinformation passent par des médias très variés, qui vont de l'écrit (livres, articles de presse, pages Web) à l'image (caricatures et bandes dessinées, reportages télévisés, vidéos sur le Web, films), sans oublier les œuvres d'art ou les spectacles vivants.

Jusqu'à la fin des années 1990, la médiatisation des marées vertes bretonnes est surtout réalisée par la presse et la télévision régionales, principalement l'été. Ces interventions se focalisent sur les premiers échouages significatifs, puis sur le pic estival de biomasse et de ramassage, tout en relatant parfois le mécontentement de riverains privés de l'usage normal de leurs plages et incommodés par les odeurs pestilentielles. Interrogés à maintes reprises, les chercheurs de l'Ifremer et du Ceva diffusent l'explication scientifique des marées vertes, mais la population semble privilégier une augmentation de l'effort de ramassage par les municipalités plutôt que la réduction des excédents d'engrais azotés.

À partir des années 2000, les mobilisations de riverains et d'associations et les gros échouages estivaux entretiennent une forte présence médiatique au printemps et en été, avec

Principaux artifices employés par la désinformation organisée !

- *Nier, toujours nier...même les faits les plus évidents !* Les deux exemples les plus courants concernent l'abondance des marées vertes (il y en a toujours eu) et l'augmentation de la teneur des rivières en nitrate (il n'y a aucune preuve que les nitrates aient augmenté dans les rivières).
- *Dévier l'attention vers des causes imaginaires pour gagner du temps* : par exemple invoquer la mortalité des gastéropodes brouteurs (patelles, bigorneaux) causée par les marées noires pour expliquer la prolifération des algues...mais en se gardant bien de rappeler que la baie de Douarnenez, pourtant atteinte de « marées vertes », n'a jamais été touchée par les marées noires, et que depuis l'*Amoco Cadiz* (1978), les gastéropodes se sont bien réimplantés sur les côtes de Bretagne Nord touchées par les marées noires. Ou encore, invoquer les rejets de nutriments des stations d'épuration urbaines alors que la plupart d'entre elles dénitrifient maintenant l'azote vers l'atmosphère et précipitent le phosphore dans des boues.
- *Opposer aux résultats scientifiques acquis spécifiquement sur les marées vertes* (appuyés par des mesures et des calculs publiés dans des revues internationales à arbitrage anonyme) *des assertions contradictoires* extraites de la littérature traitant de l'eutrophisation à cyanobactéries des lacs (eau douce), qui n'ont jamais été vérifiées ensuite sur le terrain des marées vertes (eau marine) par des programmes de mesure ou des expérimentations publiées dans les revues à comité de lecture.
- *Jeter en permanence le doute sur l'honnêteté des scientifiques locaux*, et en appeler à une expertise internationale fantasmée (dont on attendrait un désaveu des scientifiques nationaux), en cachant le fait que toute la bibliographie mondiale publiée sur les marées vertes dans des revues à comité de lecture lie le phénomène aux excès d'azote.

des dossiers spéciaux dans les journaux ou les magazines nationaux, qui font, dès lors, presque systématiquement appel aux résultats scientifiques prouvant l'origine agricole des nitrates. Cela va pousser le monde agricole à diffuser une interprétation totalement opposée, qui vise à disculper l'agriculture en reportant la responsabilité sur le monde urbain et sur le phosphore.

C'est ainsi que s'est constituée une pseudo-controverse sur les marées vertes, opposant scientifiques et associations environnementalistes d'un côté, agronomes productivistes, leaders syndicalistes majoritaires, chambres d'Agriculture et industries agroalimentaires de l'autre. Elle mobilisera les moyens classiques de la presse et de la télévision, mais aussi Internet (blogs, vidéos,...). Elle s'atténuera grandement après la publication de l'audit scientifique réalisé en 2012 qui a clairement corroboré les conclusions des scientifiques français spécialistes des marées vertes de Bretagne.

Les années 2008 et 2009 verront un pic d'activité médiatique en raison de la mort des chiens à Hillion, puis celle du cheval à Saint-Michel-en-Grève, ce qui fera soudain passer le problème des marées vertes bretonnes non seulement au niveau national, mais aussi mondial. Ces deux années marqueront un tournant dans la médiatisation par l'irruption du danger sanitaire. En conséquence, dans le but d'une prévention maximale auprès de la population, plus de 600 panneaux seront installés à partir de 2010 sur les sites touchés. Ils mettent en garde les usagers des plages contre les risques d'intoxication à l'hydrogène sulfuré et expliquent la conduite à tenir en cas d'urgence. Ces panneaux n'informent toutefois pas vraiment sur les causes du phénomène ni sur ses impacts sur l'environnement.

De même que les scientifiques ont eu un rôle crucial depuis les années 80 en diffusant lentement dans la population une explication convaincante du phénomène et de ses causes (jamais démenties par les faits jusqu'à présent), de même les associations de défense de l'environnement et certaines campagnes d'information ont contribué à rendre publics les dégâts et les risques causés par les marées vertes. Il est frappant de constater combien le dévoilement médiatique de certains dysfonctionnements de notre société reste encore inacceptable pour une part importante de la population, tous niveaux sociaux confondus. Ainsi, en abordant la pollution des Côtes-d'Armor, tant par les résidus des anciennes marées noires que par les actuelles marées vertes, et en évoquant, trois mois avant la mort du cheval, la dangerosité des dégagements d'hydrogène sulfuré, l'émission télévisée *Thalassa* d'avril 2009 déclenchera un tollé en Côtes-d'Armor, culminant dans les demandes d'excuses des élus et de rendez-vous par le conseil général des Côtes-d'Armor. De la même manière, lors de la campagne d'affichage dans le métro parisien en février 2011, par France nature environnement (FNE), de photographies dénonçant certains dégâts causés par l'agriculture intensive, les deux affiches concernant les marées vertes déclencheront des accusations diverses (dont de trucage de la photo d'ulves sur la plage de Bréhec !) allant jusqu'à l'assignation de l'association FNE devant le tribunal de grande instance de Paris par le conseil régional de Bretagne, « au nom de la

Panneau d'information sur les marées vertes et leur dangerosité sur la plage de Saint-Michel-en-Grève

défense des intérêts des Bretons, notamment pour atteinte à l'image de la Bretagne. » Depuis 2014, année anormalement épargnée par les marées vertes sur les sites majeurs (*voir Clé 10*), la médiatisation des marées vertes a soudainement décru, mais a repris en 2017, en raison de la recrudescence très forte et précoce des échouages. Une histoire du « déni » de l'origine agricole des marées vertes bretonnes a même fait l'objet d'une bande dessinée, puis d'une pièce de théâtre en 2017. Finalement, malgré certains excès ou dérapages, les différents médias se sont révélés incontournables pour le dévoilement des faits au plus grand nombre, et la pluralité des médias a permis d'assurer une certaine ouverture aux diverses opinions… et même à la pure désinformation !

33 Justice et marées vertes en France font-elles toujours bon ménage ?

La justice s'est trouvée saisie du phénomène de marées vertes par deux biais : les marées vertes comme preuve d'un manquement à la préservation de l'environnement, et les algues vertes comme un danger mortel insuffisamment désigné et éliminé. L'angle d'attaque environnemental est d'abord éminemment européen. On a vu à la *Clé* 30 que l'État français avait été condamné à plusieurs reprises par la Cour de justice européenne pour sa gestion de la qualité de l'eau en Bretagne. Mais la justice française a également condamné l'État français pour sa mauvaise gestion du problème des marées vertes. Suite aux plaintes déposées par quatre associations de protection de l'environnement, emmenées par Eau et Rivières de Bretagne, le tribunal administratif de Rennes a reconnu dans son arrêt du 25 octobre 2007, que : « la carence de l'État dans la mise en œuvre des réglementations européennes et nationales constitue une faute de nature à engager sa responsabilité et que cette faute est en relation directe avec la pollution nitratée des eaux, à l'origine du phénomène des marées vertes dans les baies de Saint-Brieuc et de Douarnenez. » Il s'est appuyé sur les études scientifiques (de l'Ifremer notamment) pour affirmer que les marées vertes : « ont trouvé très majoritairement leur origine dans les nitrates issus de la dégradation des apports azotés agricoles. » Curieusement, l'État a fait appel de cette décision, a voulu ensuite retirer son appel, mais a finalement été condamné à nouveau le 1er décembre 2009 par la cour administrative d'appel de Nantes. Celle-ci a confirmé les multiples défaillances de l'État dans la conduite de sa politique de l'eau en Bretagne, a repoussé les allégations ministérielles liant les marées vertes à d'autres causes que les nitrates, et reconnu le bien-fondé des requêtes des associations écologistes en augmentant le niveau de leur dédommagement. De même, le 23 décembre 2014, la cour administrative d'appel de Nantes a octroyé sept millions d'euros d'indemnités au département des Côtes-d'Armor, en réparation des préjudices subis du fait des marées vertes.

L'angle d'attaque sanitaire est essentiellement national. Il s'est développé suite à la mort d'êtres humains ou d'animaux domestiques causée par des algues en putréfaction. Après le décès en juillet 2009 de son cheval enlisé dans de la vase chargée d'ulves en fermentation, le cavalier a déposé plainte auprès du tribunal administratif de Rennes, qui a rejeté sa demande en juin 2012. Le cavalier faisant appel, l'affaire a été jugée par la cour administrative d'appel de Nantes, qui a donné raison au cavalier en juillet 2014 (avec dédommagement). Le jugement tient clairement « pour établi que la mort du cheval de M.P. est survenue en raison d'une intoxication provoquée par de l'hydrogène sulfuré dégagé par la décomposition d'un amas important d'algues vertes ; que, dès lors, il existe un lien direct de causalité entre les fautes commises par l'État et la mort de cet animal. » De même, la famille du conducteur de camion, mort en transportant des algues vertes a déposé une plainte devant le tribunal de grande instance de Saint-Brieuc, qui a été transmise au pôle Santé publique du tribunal de grande instance de Paris. Suite à deux expertises n'établissant aucun lien entre l'inhalation d'hydrogène sulfuré et la mort du chauffeur, et devant le refus d'accorder une troisième contre-expertise médico-légale, la famille s'est pourvue en cassation en 2015, mais le Parquet de Paris a demandé le non-lieu. En juin 2017, le tribunal des Affaires de sécurité sociale (Tass) de Saint-Brieuc a ordonné la réouverture des débats sur cette affaire.

En 2017, plusieurs affaires concernant les marées vertes sont encore en cours, notamment l'examen des 3000 plaintes contre X déposées par des particuliers.

Eau verte à *Lepidodinium* en août 2014 à la pointe Saint-Gildas (Préfailles, Loire-Atlantique)

Les marées vertes, face visible de l'eutrophisation marine

34 Eaux « rouges » contre marées « vertes »: quelles différences pour l'environnement ?

Depuis les temps bibliques, on sait que la mer peut devenir rouge… mais aussi brune, ou vert intense. Ces colorations sont causées par la prolifération très soudaine de l'une des nombreuses espèces d'algues unicellulaires qui constituent le phytoplancton en suspension dans l'eau, et dont la couleur dépend des pigments de l'espèce. De telles proliférations phytoplanctoniques excessives sont recensées chaque année en certaines zones du littoral français, principalement celles influencées par un panache de dilution d'un grand fleuve. Dans le panache très étendu de la Loire, qui longe la côte sud de la Bretagne et finit en entrée de Manche, sont régulièrement observées des eaux brunes printanières de diatomées *Cerataulina*. Ces dernières peuvent aller jusqu'à former des bouillies noirâtres colmatant les engins de pêche, et causer des anoxies mortelles pour la faune dans les fonds d'anses abritées, suivies, en fin de printemps, par des eaux rouges à dinoflagellés *Noctiluca scintillans* puis, en été, par des eaux vertes à dinoflagellés *Lepidodinium chlorophorum*.

Eau verte à *Lepidodinium chlorophorum* le 1er août 2014 en baie de Bourgneuf

Certaines eaux colorées s'avèrent toxiques, soit directement pour la faune marine (eaux brun doré de septembre ayant tué, en 1994, 25 tonnes de truites fario en élevage à Camaret, Finistère), soit pour le consommateur de coquillages ayant accumulé leur toxine (eaux brunes de juillet dans les estuaires de Penzé durant la décennie 90 ou de Daoulas en 2012, Finistère).

Les eaux à *Noctiluca scintillans*, particulièrement spectaculaires tant le jour par leur couleur rouge sang que la nuit par leur bioluminescence bleutée, ont été observées dans plusieurs régions du monde : en Bretagne Sud, en mer Rouge, à Sydney (Australie) ou dans le Yangtze à Chongquing.

En mer du Nord, de la baie de Somme à la Frise, le nanoflagellé colonial *Phaeocystis globosa* prolifère pratiquement chaque année en avril-mai dans les eaux littorales, les rendant gluantes et produisant d'envahissantes accumulations d'écume blanc jaunâtre sur les plages. En plus de l'odeur nauséabonde à la côte, des mortalités de faune marine ont été constatées en raison de la surcharge organique de l'eau et de sa dégradation bactérienne provoquant des épisodes d'anoxie du milieu.

Les causes provoquant l'apparition de ces eaux colorées sont les mêmes que celles qui sont responsables des marées vertes (fort éclairement + fort enrichissement nutritif + fort confinement). Mais le fait qu'elles concernent des algues microscopiques pouvant se maintenir longtemps en suspension dans l'eau (vitesse de chute inférieure à 2 mètres par jour) change au moins deux aspects, l'extension spatiale de la prolifération et le nutriment qui la contrôle. Ne nécessitant pas un très fort brassage vertical pour être maintenues en suspension, les algues phytoplanctoniques peuvent s'accumuler bien au large de la zone de déferlement des vagues, et même profiter du confinement vertical dans la couche dessalée de surface caractéristique des panaches de fleuves. On peut donc trouver des eaux colorées de surface loin en pleine mer. Par contre, le maintien des cellules loin du fond sédimentaire les prive du phosphate diffusant depuis le fond : en plus de l'azote, le phosphore peut devenir insuffisamment disponible en fin de printemps pour le phytoplancton, ce qui n'était pas le cas pour les ulves. Enfin, la présence majoritaire d'espèces à enveloppe siliceuse (les diatomées) dans le phytoplancton donne également au silicium un rôle de contrôleur potentiel des proliférations phytoplanctoniques. Toutefois, les principales eaux colorées, se produisant en général après la floraison printanière de diatomées qui a épuisé la silice dissoute, concernent des espèces non-siliceuses, et sont très souvent rendues possibles par une richesse anormale en azote. Par exemple, le développement de *Phaeocystis* le long des rives de la mer du Nord a été mis en relation avec la progression des apports fluviaux d'azote durant les dernières décennies, alors que ceux de phosphore diminuaient et que ceux de silicium restaient stables. Les eaux colorées estivales à dinoflagellés sont très liées aux excès d'apports azotés en été.

Eau rouge à *Noctiluca scintillans* en Bretagne Sud

La question de la compétition entre macroalgues vertes et phytoplancton, pour l'accès tant à la lumière qu'aux nutriments, est très vite tranchée par la disjonction géographique de leurs aires favorables : aux algues vertes la frange littorale très peu profonde, au phytoplancton la haute mer. Les lagunes très peu profondes sont sans doute les seuls endroits où peut s'instaurer une forte compétition quand l'enrichissement devient très fort. Comme on l'a vu à la *Clé 18*, c'est le phytoplancton qui gagne, en privant de lumière les ulves entassées près du fond.

35 Y a-t-il aussi des proliférations végétales nuisibles dans les eaux douces ?

Situées au plus près des sources humaines d'apports de nutriments, les eaux douces ont été soumises à l'enrichissement avant la mer côtière. En 2013, près de la moitié des masses d'eau continentales de France présentaient une qualité écologique insuffisante, certaines étant le siège de proliférations végétales excessives. Étant évidemment les plus sensibles, les eaux dormantes peu profondes (mares, étangs, lacs) furent touchées les premières, quand elles recevaient les effluents urbains non-traités par exemple. En raison du lessivage par les eaux de pluie, l'intensification de la fertilisation agricole a aussi apporté les nutriments en excès aux eaux courantes (ruisseaux, rivières, fleuves), dont les parties à écoulement lent ont vu se développer de façon excessive, soit des plantes à

Prolifération de lentilles d'eau en eau douce dormante

fleurs et racines (lentilles d'eau *Lemna* sp., *Myriophyllum*, *Potamogeton* sp.,...) soit des algues filamenteuses et du phytoplancton en suspension. Finalement, dans le bassin Loire-Bretagne, seulement 17 % des 1806 stations de mesure de la qualité écologique des cours d'eau se sont révélées être en « Très bon » ou « Bon » état en 2014. Arrivant au moment où l'oxygène atmosphérique se dissout le moins facilement dans l'eau en raison de la température plus élevée de l'eau, les proliférations estivales créent une surcharge de matière organique sédimentant dans les couches profondes obscures, où la dégradation microbienne consomme rapidement l'oxygène dissous. Comme en mer, le risque d'hypoxie, voire d'anoxie des couches profondes, est fort en été, particulièrement dans les lacs stratifiés enrichis. Outre l'accumulation de vases putrides, source de méthane, l'excès de matière végétale des plans d'eau gêne également leur utilisation pour l'eau potable et leur usage touristique, en raison de la dégradation des qualités organoleptiques de l'eau (couleur, odeur, saveur) et de la prolifération de germes pathogènes, protégés par l'obscurcissement de l'eau de l'effet habituellement bactéricide des ultraviolets de la lumière solaire.

Écume à cyanobactéries

Le plus grand risque que fait courir l'enrichissement des eaux douces, notamment en phosphore (*voir Clé 37*), est le développement de cyanobactéries, dont certaines sont hautement toxiques pour la faune et l'homme. Présentes dans tous les milieux d'eaux douces (lacs, rivières, marais, estuaires) et dans l'océan, les cyanobactéries sont des bactéries particulières, capables de photosynthèse, c'est-à-dire de synthétiser des sucres à partir de dioxyde de carbone (CO_2) comme source de carbone, d'eau comme source d'hydrogène et de lumière comme source d'énergie. Contrairement aux bactéries qui décomposent la matière organique préexistante (bactéries hétérotrophes), les cyanobactéries sont des autotrophes, au même titre que les microalgues du phytoplancton ou que les macroalgues vertes. Ayant été les premiers organismes capables de photosynthèse il y a plus de 2 milliards d'années, les cyanobactéries ont produit une grande part de l'oxygène atmosphérique que nous connaissons aujourd'hui. Plus les eaux douces calmes sont enrichies en phosphate, d'origine urbaine ou agricole, plus les cyanobactéries peuvent se multiplier et devenir dominantes en été, s'accumulant à la surface de l'eau sous forme d'écumes de différentes couleurs, allant du vert au bleuâtre plus ou moins irisé. Le vent peut ensuite accumuler ces mousses le long des berges des plans d'eau. En plus des effets sur l'écosystème déjà mentionnés pour le phytoplancton, certaines cyanobactéries peuvent sécréter des toxines, qui se bioaccumulent au fil de la chaîne alimentaire dans les tissus des invertébrés et des poissons (*voir Clé 38*).

36 Qu'appelle-t-on « eutrophisation » ?

Les marées vertes sont un cas typique et bien visible de prolifération excessive d'une espèce végétale dans un site anormalement enrichi en nutriments. C'est un exemple de ce que les scientifiques nomment « eutrophisation », bien qu'au départ, étymologiquement, « eutrophe » signifie simplement « bien nourri », et s'oppose à « oligotrophe », peu nourri. La notion d'eutrophisation d'un milieu, vue comme le simple fait de s'enrichir en nutriments, a pris naissance en limnologie (écologie des eaux douces) pour désigner l'augmentation naturelle de la richesse des lacs. On a en effet constaté que d'eux-mêmes, les lacs passent de l'oligotrophie à l'hypertrophie, en passant par l'eutrophie. Désignant au départ, non un état, mais l'évolution du milieu vers un état, le terme « eutrophisation » semble être majoritairement employé pour désigner un enrichissement d'un milieu tel qu'il en résulte des nuisances, et l'on peut s'accorder sur la définition initialement donnée par la Directive du Conseil des Communautés européennes du 21 mai 1991 relative au traitement des eaux urbaines résiduaires.

Définition de l'eutrophisation (selon la Directive européenne 1991/271/CEE)

Il s'agit d'un enrichissement de l'eau en éléments nutritifs, notamment en composés de l'azote et/ou du phosphore, provoquant un développement accéléré des algues et des végétaux d'espèces supérieures qui entraîne une perturbation indésirable de l'équilibre des organismes présents dans l'eau et une dégradation de la qualité de l'eau en question.

Paramètres caractérisant l'eutrophisation selon la convention Ospar

Catégorie I : Degré d'enrichissement
1. *Apports fluviaux et rejets directs* (à apprécier zone par zone). Apports élevés et/ou tendances à l'augmentation des stocks marins totaux d'azote et de phosphore.
2. *Concentrations marines en nutriments* (à apprécier zone par zone). Niveaux élevés des concentrations hivernales d'azote et de phosphore inorganiques dissous.
3. *Rapport azote/phosphore* (à apprécier zone par zone). Rapport hivernal plus élevé que le rapport océanique moyen.
Catégorie II : Effets directs de l'enrichissement (durant la saison productive)
1. *Concentration marine en chlorophylle* (à apprécier zone par zone). Valeurs moyenne et maximale élevées.
2. *Espèces phytoplanctoniques indicatrices* (à apprécier zone par zone). Abondance et durée de floraison élevées des espèces phytoplanctoniques indicatrices, nuisibles ou toxiques.
3. *Macroalgues et macrophytes* (à apprécier zone par zone). Modification des flores (moins d'espèces à vie longue, plus d'espèces à vie courte, *Ulva* par exemple). Biomasse ou couverture élevée des algues vertes opportunistes.
Catégorie III : Effets indirects de l'enrichissement (durant la saison productive)
1. *Concentration marine insuffisante en oxygène dissous*. Niveau d'oxygénation bas en absolu et par rapport à la saturation physique.
2. *Invertébrés benthiques et poissons*. Mortalités de la faune (soit par anoxie, soit en raison de toxines phytoplanctoniques). Changement sur le long terme de la biomasse et de la diversité spécifique du zoobenthos.
3. *Matière organique carbonée* (à apprécier zone par zone). Niveaux élevés (en relation avec III.1) dans les zones de sédimentation.
Catégorie IV : Autres effets de l'enrichissement (durant la saison productive)
Toxines algales. Fréquence des cas de contamination des moules par les toxines (DSP/PSP/ASP) à relier avec II.2.

C'est la convention de protection du milieu marin qui s'applique à l'Atlantique Nord-Est, communément appelée convention Ospar, car issue de la réunion des commissions d'Oslo et de Paris (Bruxelles, 26-30 juin 1995), qui a le plus clairement défini les symptômes de l'eutrophisation. Pour établir le programme de surveillance de l'état d'eutrophisation marine, la convention Ospar a retenu dix paramètres (*voir encadré*) répartis en quatre catégories (degré d'enrichissement en nutriments, effets directs de l'enrichissement, effets indirects de l'enrichissement et effets supplémentaires potentiels).

Prolifération de cyanobactéries en étang d'eau douce

La catégorie IV de cette liste établie à la fin du XXe siècle gagnerait sans doute à être étoffée et renommée « effets sur l'homme ». En 1982, l'OCDE (Organisation de coopération et de développement économiques) n'avait recensé comme effets de l'eutrophisation nuisibles à l'homme que les odeurs désagréables et, dans le cas de réservoirs d'eau douce à potabiliser, les goûts désagréables. Depuis, la reconnaissance du risque sanitaire mortel, créé par les fortes émanations d'hydrogène sulfuré à partir d'algues en décomposition anaérobie, a placé sur le devant de la scène cet effet délétère pour l'homme et la faune terrestre. Il faut y adjoindre le risque d'empoisonnement du consommateur par les neurotoxines phytoplanctoniques accumulées dans certains produits de la mer, et celui d'empoisonnement par des cyanotoxines, issues de l'eutrophisation des eaux douces continentales.

37 Quel élément contrôle l'eutrophisation en eau douce et en mer ?

Depuis Liebig, et sa célèbre « loi du minimum » (1844), on sait que la croissance d'un végétal est contrôlée par l'élément chimique qui est le moins disponible par rapport à ses besoins, indépendamment de l'abondance des autres éléments. On dit alors que cet élément est le facteur limitant de la croissance. Appliquée au départ en agriculture pour savoir quel était l'élément à rendre le moins pénalisant en apportant des engrais, la recherche du facteur limitant a été utilisée dans l'autre sens depuis les années 70 par les limnologistes, puis les océanographes, pour lutter contre l'eutrophisation en tentant au contraire de renforcer l'effet pénalisant d'un élément déjà limitant.

Pour apprécier la carence relative d'un élément, il faut d'abord chiffrer les besoins relatifs des algues. Historiquement, c'est d'abord pour le phytoplancton marin que Redfield* (1934) a montré que la composition moyenne de la biomasse s'était stabilisée, au cours des temps géologiques, autour de la composition même de l'eau de mer océanique. La matière vivante phytoplanctonique présente des rapports en nombre d'atomes de 106/16/1 pour le carbone, l'azote et le phosphore respectivement. Plus tard, on s'est aperçu que les macroalgues marines présentaient naturellement des rapports assez différents de ceux du phytoplancton océanique. À azote comparable, les algues benthiques sont presque trois fois plus riches en carbone, mais deux fois moins riches en phosphore que le phytoplancton. Parmi les algues examinées, l'algue verte *Ulva reticulata* de Hawaï a montré une extrême pauvreté en phosphore. Cela plaide pour des faibles besoins des algues vertes en phosphore. Cela permet aussi de comprendre pourquoi ces algues nitrophiles seront sans doute plus souvent carencées en azote qu'en phosphore. Pour apprécier l'état de limitation nutritionnelle des ulves, la surveillance des marées vertes fait appel aux mesures des teneurs en azote et phosphore des ulves, ou quotas (*voir Clé 28*) ; les modèles mathématiques développés simulent ces mêmes quotas (*voir Clé 21*).

Une fois que l'on connaît les besoins relatifs d'une algue, une manière simple, mais « statique », de prévoir quel sera l'élément potentiellement limitant pour la croissance végétale dans une masse d'eau donnée consiste à comparer le rapport entre éléments dissous dans l'eau avec les rapports moyens de composition de l'algue. Ainsi, l'eau marine au large de la Bretagne Nord présente des rapports azote sur phosphore toujours nettement plus bas que celui de l'ulve, ce qui montre clairement que l'eau océanique tempérée non-enrichie par un fleuve est toujours défavorable à la croissance des algues vertes par pauvreté relative en azote. En réalité, pour évaluer l'élément qui limite vraiment la croissance, il conviendrait de faire plutôt le rapport des flux accessibles aux algues pour les divers éléments, et non celui des stocks disponibles à l'instant de la mesure, c'est-à-dire passer d'une évaluation statique à une évaluation dynamique du facteur limitant. Les flux actuellement apportés aux baies côtières par les fleuves bretons, ayant des rapports azote sur phosphore de 600 en hiver et 250 en été, sont toujours bien au-dessus du rapport de 30, optimum pour l'ulve. Ceci explique pourquoi seule la fertilisation récente des eaux marines littorales par des fleuves à hauts rapports azote sur phosphore a permis la prolifération des algues vertes. Par ailleurs, durant l'été se maintient un flux significatif de phosphate instantanément absorbable par les algues, alors que l'azote une fois séquestré dans les protéines reste inaccessible aux algues pendant plusieurs semaines ou mois. En l'absence d'apports exogènes massifs, tous les végétaux aquatiques sont plutôt limités par l'azote en été, et ce, d'autant plus, qu'ils sont relativement plus demandeurs en azote, comme les ulvacées. Cependant, certaines microalgues, telles les cyanobactéries, marines ou d'eau douce, échappent à ce contrôle. Ces microalgues peuvent contourner la limitation azotée purement aquatique en accédant à un flux d'azote quasi inépuisable venu de l'atmosphère, à condition de disposer de molybdène. Cet élément étant peu accessible en eau de mer, les cyanobactéries y prolifèrent difficilement, alors qu'elles représentent la forme la plus menaçante d'eutrophisation en eau douce stagnante, et qu'on ne peut les y limiter qu'en diminuant la concentration du phosphate dans les eaux.

Pour les raisons précédemment avancées, les scientifiques estiment qu'en eau douce, c'est le phosphore qui est le plus souvent le facteur limitant naturel de l'eutrophisation, alors qu'en mer, c'est l'azote qui tient généralement ce rôle. Les estuaires et les panaches de dilution des fleuves présentent une situation intermédiaire, où la prolifération phytoplanctonique est plutôt limitée par le phosphore au printemps, puis par l'azote en été. Les marées vertes à ulves sont toujours contrôlées par l'azote, en raison de la nitrophilie avérée de ces algues.

38 Quels sont les risques sanitaires et écologiques causés par ces différentes formes d'eutrophisation ?

À l'instar des marées vertes, tous les phénomènes d'eutrophisation ont deux types d'effets néfastes : l'asphyxie partielle ou totale de la faune, et l'empoisonnement de certaines espèces (dont l'homme) par inhalation ou ingestion de molécules toxiques.

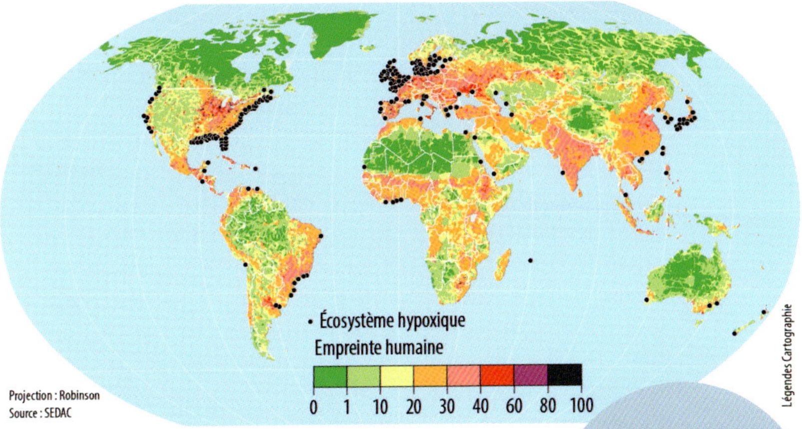

Répartition mondiale des 400 écosystèmes marins recensés comme ayant subi des mortalités massives de faune suite à leur eutrophisation (d'après Diaz et Rosenberg, 2008)

En eau douce, le principal risque toxique est causé par certaines cyanobactéries, dont les toxines peuvent être néfastes soit à la peau, soit au foie (nodularines, cyclindrospermosines et microcystines), soit au système nerveux (anatoxines). Les cyanotoxines rendent dangereuse, voire mortelle, l'ingestion par les animaux sauvages ou domestiques d'eau contaminée en bordure des plans d'eau. Elles empêchent également l'utilisation d'eau contaminée pour l'irrigation des cultures ou la distribution d'eau potable. Dans le cas de contamination d'une source d'eau potable, il faut mettre en place des techniques de filtration évitant la destruction des cellules de cyanobactéries (qui libérerait les cyanotoxines dans l'eau), voire un traitement par ozonation, capable de détruire à la fois les cellules et les toxines dissoutes. De surcroît, en raison des dangers causés par le contact de la peau avec les cyanotoxines, de nombreux plans d'eau se voient interdits pendant l'été aux activités récréatives.

En mer, le risque majeur à l'échelle mondiale est écosystémique : il s'agit de l'appauvrissement, voire la destruction de la faune par l'anoxie des eaux de fond. En 2008, les scientifiques Diaz et Rosenberg publiaient dans la revue *Science* la carte mondiale des *Dead zones* causées par l'asphyxie d'écosystèmes côtiers hyper-eutrophisés. Malgré son côté volontairement dramatisant (toutes ces zones ne sont pas vraiment « mortes », et surtout pas définitivement), cet article a eu le mérite de montrer l'extension mondiale de l'eutrophisation marine, et sa proximité avec les pays développés, fortement peuplés : côte est des États-Unis, côte brésilienne, mers européennes, mers de Chine et du Japon.

Les deux sites les plus étendus et les plus régulièrement atteints sont la mer Baltique et le golfe du Mexique.

La mer Baltique est naturellement propice à l'eutrophisation en raison de son confinement. C'est une mer horizontalement enclavée dans le continent européen, dont les eaux de fond se renouvellent seulement par des entrées faibles et intermittentes depuis la mer du Nord. Elle présente, par ailleurs, sur la verticale une stratification saline quasi permanente, qui se double l'été d'une stratification thermique. Les apports importants de sels nutritifs par les rejets directs, par les rivières et par l'atmosphère (pour l'azote) ont provoqué une prolifération du phytoplancton, qui a considérablement élargi, depuis le début du XXe siècle, l'aire sujette l'été à des chutes d'au moins 75 % de l'oxygène dissous au fond. Celle-ci atteint 49 000 kilomètres carrés en moyenne depuis 1960, et la fosse centrale de la Baltique est aujourd'hui en anoxie quasi-permanente, avec production d'hydrogène sulfuré par les sédiments anoxiques.

La partie nord du golfe du Mexique, elle aussi peu profonde et partiellement enclavée dans le continent américain, reçoit les apports colossaux de nutriments du Mississippi. Ceux d'azote, d'origine majoritairement agricole et multipliés par trois depuis la Seconde Guerre mondiale, induisent tous les ans une forte prolifération phytoplanctonique et des désoxygénations des eaux de fond s'étendant sur des surfaces considérables, allant selon les années de 5 000 à 20 000 kilomètres carrés, soit l'équivalent d'un à quatre départements français.

Répartition observée de l'oxygène dissous dans la couche de fond du golfe du Mexique septentrional en été 2008 (d'après la NOAA)

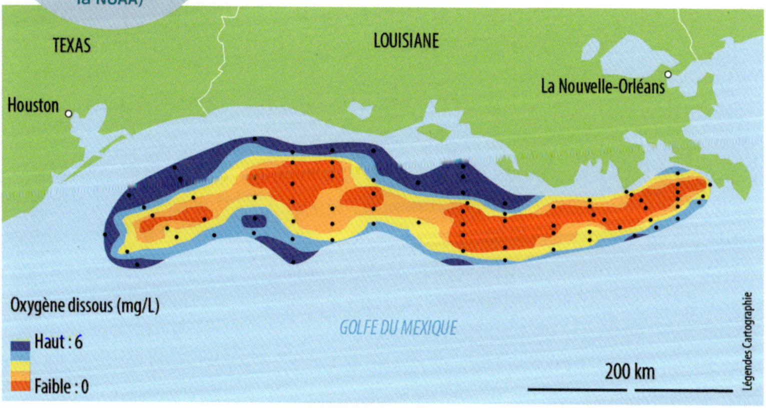

Ces hypoxies sévères récurrentes sont préjudiciables aux espèces marines exploitées. L'examen des strates successives visibles dans des carottes de sédiments a prouvé que le stress dû aux désoxygénations a crû essentiellement lors des cent dernières années.

Mais l'eutrophisation des mers côtières provoque aussi de façon plus sournoise une modification de la biodiversité marine, en favorisant les espèces phytoplanctoniques capables de tirer parti du déséquilibre des nutriments, notamment de l'excès d'azote par rapport au phosphore et au silicium. D'une façon générale, les espèces sans enveloppe siliceuse seront favorisées. Au Japon, en mer intérieure de Seto, l'accroissement des rejets nutritifs avait entraîné à partir des années 60 l'apparition de plus en plus fréquente d'eaux colorées à dinoflagellés, dont on a constaté la raréfaction après la réduction des rejets à la fin des années 70. En France, le réseau de surveillance du phytoplancton marin (Rephy), mis en œuvre par l'Ifremer depuis 1984, a identifié trois grands groupes phytoplanctoniques toxiques pour l'homme consommateur de coquillages : des diatomées du genre *Pseudo-nitzschia*, et des dinoflagellés des genres *Alexandrium* et *Dinophysis*. Tous ont une abondance et/ou une toxicité liée à celle de l'enrichissement azoté et phosphoré.

Répartition des floraisons de *Dinophysis* et *Alexandrium* observées par le Rephy de 1990 à 1999

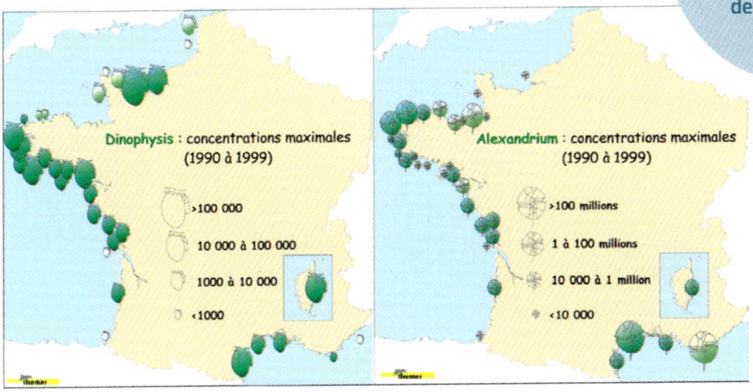

Dans le cas de *Pseudo-nitzschia*, la production de la neurotoxine appelée acide domoïque semble surtout le fait de certaines espèces, particulièrement *P. australis*, et paraît d'autant plus forte que la cellule est trop riche en azote par rapport à sa teneur en silicium ou en phosphore. Pour une raison encore mal élucidée, les cellules de *Pseudo-nitzschia* semblent accumuler plus de toxine après les très fortes tempêtes. Certains bivalves filtreurs se nourrissant de ces diatomées accumulent alors l'acide domoïque dans leur hépato-pancréas de façon plus ou moins durable (décontamination demandant plusieurs mois chez les coquilles Saint-Jacques). Depuis le printemps 2000, une contamination des coquilles Saint-Jacques a été observée tous les ans après la floraison printanière majeure (mai-juin), mais parfois aussi après la petite floraison automnale (septembre-octobre) en rade de Brest, sur le banc d'Armen au large de l'île de Sein et en baie de Quiberon/Belle-Île. Comme dans le golfe du Mexique après l'ouragan *Katrina* de 2005, des teneurs élevées d'acide domoïque, dépassant d'un facteur 10 à 20 la concentration maximale admise pour les coquillages comestibles, ont été relevées dans les coquilles Saint-Jacques en Vendée et Bretagne Sud durant les deux années qui ont suivi la tempête *Xynthia* (février 2010). De même, après la succession exceptionnelle de tempêtes de début 2014, les coquilles Saint-Jacques de la rade de Brest ont atteint une contamination dépassant 40 fois le seuil de comestibilité, d'où une longue interdiction de pêche des coquilles, s'étendant au moins sur deux ans.

Dans le cas des dinoflagellés toxiques, leur répartition préférentielle dans les petits estuaires fortement enrichis en azote pour *Alexandrium* (producteur de toxines paralysantes), et dans les panaches de dilution des quatre grands fleuves français pour *Dinophysis* (producteur de toxines diarrhéiques) plaide aussi pour le lien fort qu'ils entretiennent avec l'eutrophisation créée par les apports terrigènes de nutriments. Alors que le premier est capable de puiser les nutriments disponibles directement sous forme inorganique dissoute, le second s'est révélé plus hétérotrophe qu'autotrophe, c'est-à-dire remplaçant la photosynthèse de matière organique par une consommation de proies unicellulaires. Sa dépendance à l'importance de l'enrichissement, statistiquement constatée par exemple au large de l'embouchure de la Loire, ne se fait plus qu'indirectement, à travers l'abondance des proies, ultimement liée à la quantité de nutriments inorganiques.

39 Comment fixe-t-on les normes pour limiter l'eutrophisation ?

En Europe, ce sont historiquement les conventions internationales d'Helsinki (1992), d'Oslo-Paris (1998) et de Barcelone (1995) qui ont défini les premières procédures communes aux

États riverains respectivement de la mer Baltique, de la façade européenne du Nord-Est Atlantique et de la Méditerranée pour évaluer l'état d'eutrophisation de ces zones marines. Les Directives cadres sur l'Eau (2000) et sur la Stratégie du milieu marin (2008) émises par la Communauté européenne ont actualisé ces premières procédures. Elles ont contraint les États membres de l'Union européenne à surveiller les concentrations de nutriments dans les eaux saumâtres et marines, ainsi que les principales conséquences directes ou indirectes d'un enrichissement éventuel.

Comme on l'a vu à la *Clé 30* dans le cas des marées vertes, pour chaque descripteur, les masses d'eaux sont classées sur une échelle de 5 niveaux (très bon, bon, moyen, médiocre ou mauvais) d'après les mesures qui y ont été faites durant une période de 6 ans. Les valeurs frontières doivent être définies par chaque pays, par grande zone écologique. Les scientifiques considèrent que la diversité naturelle des écosystèmes marins côtiers du monde, issue de leur longue adaptation à des conditions climatiques et nutritionnelles très variées au cours des temps géologiques, entraîne une certaine disparité de leurs réponses à un même niveau d'enrichissement anthropique du milieu. Il n'existe donc pas une liste universelle de seuils absolus pour les principaux descripteurs de l'eutrophisation, bien qu'aient eu lieu en Europe, depuis les années 2010, plusieurs tentatives d'harmonisation des critères nationaux. La cacophonie est amplifiée par le fait que les descripteurs eux-mêmes ne sont toujours pas homogénéisés entre pays : certains utilisent la moyenne annuelle, d'autres la moyenne sur une partie seulement de l'année (mois d'hiver seuls pour les nutriments, période mars-octobre pour la chlorophylle du phytoplancton,...). Enfin, certains préfèrent des extrêmes aux moyennes. S'ajoute à cela une difficulté particulière aux zones côtières, celle des variations spatiales et temporelles très grandes que montrent beaucoup de ces descripteurs d'eutrophisation, causées principalement par la dilution en mer des apports fluviatiles d'eaux douces beaucoup plus riches et plus turbides que les eaux marines et par la consommation partielle des nutriments par les algues en prolifération durant la belle saison. La question est donc de savoir si une mesure de nutriment faite quelque part entre l'eau douce du fleuve et l'eau salée océanique peut être brutalement comparée à une valeur-seuil définissant un état d'eutrophisation, ou s'il faut d'abord normaliser cette mesure en la faisant glisser vers une salinité standard sur un abaque de dilution.

Prenons comme exemple l'effet de l'enrichissement en nitrate sur deux catégories d'algues : des ulves capables de pousser au bas des plages, dans des eaux saumâtres ayant une salinité entre 15 et 35, et une espèce de phytoplancton franchement marine, ne poussant que dans des eaux ayant une salinité entre 30 et 35. Ces deux types d'algues s'établissent à deux endroits différents le long d'un *continuum* de dilution faisant passer de l'eau douce (salinité = 0, nitrate = 50 µmol/L en conditions naturelles, 500 en conditions actuelles) à l'eau océanique (salinité = 35.5, nitrate = 5 µmol/L en hiver de façon stable). En fin d'hiver, quand la matière détritique marine a toute été reminéralisée et que la végétation n'est pas encore repartie, le nitrate se comporte en traceur conservatif, dont l'abaque de dilution entre le fleuve et l'océan est une simple droite. Supposons que nous voulions seulement limiter la prolifération du phytoplancton au large, et donc limiter l'enrichissement de son milieu en nitrate à un facteur 3 par rapport à la situation naturelle.

Si l'on applique cette contrainte à la salinité médiane du phytoplancton (32,5), on obtient une droite de dilution qui délivre une concentration de nitrate égale à 80 µmol/L à la salinité médiane des ulves (25), ce qui provoque de très belles marées vertes et autorise une concentration de 16 mg/L de nitrate dans le fleuve. Si par contre, on applique le même raisonnement de limitation aux ulves, on obtient une droite de dilution qui n'autorise plus dans le fleuve qu'une concentration de 10,8 mg/L de nitrate. Évidemment, cette deuxième approche limite encore plus que la première les risques de prolifération planctonique au large.

Partir au large ou rester sur la plage ?

Par cet exemple, on voit bien que le seuil de bon état écologique que l'on fixera pour le nitrate dans les fleuves dépendra de la nuisance-cible que l'on veut prioritairement corriger.

Étant donné que le pôle océanique de la courbe de dilution est supposé immuable, plus on focalisera la lutte contre l'eutrophisation sur des algues capables de croître en eau très dessalée (c'est le cas des ulves), plus on sera exigeant sur la réduction du nutriment dans les fleuves. Inversement, les programmes de surveillance s'étant jusqu'à présent surtout focalisés sur la non prolifération d'espèces phytoplanctoniques franchement marines, ils ont défini des seuils de nutriments à ne pas dépasser à forte salinité qui semblent modérément enrichis mais qui, ramenés aux faibles salinités acceptables par les ulves, autorisent de très fortes concentrations, capables de générer une importante marée verte. Autant il est assez facile de définir un seuil séparant le bon état du mauvais état écologique pour les descripteurs directs des algues proliférantes (pourcentage de couverture pour les algues vertes, teneur de l'eau en chlorophylle pour le phytoplancton), autant il est difficile de définir un seuil correspondant pour les nutriments des algues.

40 Quel avenir pour l'eutrophisation sur une Terre plus peuplée et plus chaude ?

Selon l'Institut national d'études démographiques (Ined), la Terre supportera environ 10 milliards d'humains en 2100 (contre 7 en 2011). Elle subira aussi un réchauffement global dû à l'effet de serre amplifié par le gaz carbonique issu de deux siècles de combustion de carburants fossiles. Le GIEC (Groupe d'experts intergouvernemental sur l'évolution du climat) estime à 1,5 °C l'échauffement minimum inévitable de l'air en 2100, mais à 4 °C l'échauffement maximum dans le pire scénario (l'échauffement correspondant de la couche de surface de l'océan se situerait entre 0,6 °C et 2,0 °C). Ces deux tendances lourdes auront des effets multiples et complexes sur la biosphère et les sociétés humaines, qu'il est très hasardeux de vouloir prévoir.

Si les épisodes de précipitations extrêmes deviennent effectivement plus intenses et plus fréquents sur les continents des moyennes latitudes, on peut s'attendre à des lessivages accrus des bassins versants. L'augmentation prévisible des cultures intensives pour nourrir la plus grande population humaine qu'ait jamais connue la Terre générera des apports plus importants de nutriments à la zone côtière, donc des floraisons phytoplanctoniques plus intenses dans les panaches de dilution des fleuves. Le réchauffement tendanciel de l'atmosphère et de la couche superficielle de l'océan rendra plus précoce l'établissement printanier de la stratification thermique saisonnière, et maintiendra cette dernière plus longtemps en raison de l'écart plus grand de température atteint en été entre les eaux de surface et celles de fond. Cela renforcera le confinement du phytoplancton en surface, donc sa prolifération et le flux de matière organique vers le fond, tout en diminuant les possibilités de rechargement en oxygène des eaux de fond. Ces effets augmenteront, de l'avis unanime des océanographes, les risques d'eutrophisation à phytoplancton dans les eaux côtières.

Les effets attendus sur les marées vertes à macroalgues sont moins prévisibles. Si l'augmentation légère de la température et de la teneur en gaz carbonique de l'eau de mer, ainsi que celle des apports nutritifs terrigènes ne peuvent qu'accélérer la croissance des algues, il est probable aussi que les sites les plus touchés aujourd'hui ne verront pas beaucoup augmenter leur biomasse d'algues vertes estivales, dans la mesure où, comme on l'a vu pour Saint-Michel-en-Grève (*voir Clé 10*), c'est déjà l'auto-ombrage qui limite la croissance algale en été. Une chaleur plus intense durant l'exondation sur les estrans pourrait même assécher les algues et accélérer leur dégradation, tandis que des tempêtes hivernales, plus fortes et plus fréquentes, pourraient réduire le stock hivernal et retarder les échouages, comme en 2014. Que le réchauffement planétaire soit important ou pas, les marées vertes se maintiendront probablement tant que des apports terrigènes importants d'azote inorganique dissous persisteront, car la prolifération des chlorophycées est moins contrôlée par la température que par les nutriments (azote particulièrement) et l'éclairement. La complexité du monde vivant et ses extraordinaires capacités d'adaptation peuvent nous réserver des surprises, par exemple la montée en puissance d'une espèce algale compétitrice d'eaux chaudes (comme l'a fait l'huître creuse japonaise vis-à-vis des bivalves européens) ou se propager un parasite des chlorophycées, ou arriver un herbivore brouteur de pleine eau... Aucun scientifique ne saurait s'engager à une telle prédiction, la modestie reste de mise, et l'observation au long cours également.

Conclusion

Alors, les marées vertes constituent-elles une nuisance pure ou un mal pour un bien ?
Les marées vertes ont été perçues négativement par la population au fur et à mesure qu'augmentait le nombre de sites touristiques balnéaires touchés, et la « découverte » des risques mortels qu'elles pouvaient parfois entraîner a marqué une nette aggravation de leur perception comme nuisance. On peut regretter qu'il ait fallu attendre des morts d'animaux domestiques pour que l'on prenne la mesure d'une nuisance qui avait pourtant gravement empoisonné, voire tué, déjà plusieurs personnes. Ces drames auront finalement eu au moins deux retombées positives : déclencher un plan national de sécurisation des sites atteints et des filières de ramassage-traitement des algues, et mettre en lumière l'hyper fertilisation involontaire des milieux aquatiques naturels comme principale responsable. Les marées vertes ont donc joué le rôle de partie émergée de l'iceberg « eutrophisation », et ont rappelé que la partie immergée, peu visible car peu médiatisée, s'étend aussi bien dans les eaux douces, notamment les réservoirs contaminés par les cyanotoxines, que dans les eaux franchement marines situées au large, sur les plateaux continentaux. L'agriculture intensive ne laissant pas fuir que du nitrate ou du phosphate en excès, substances somme toute naturelles, mais également des biocides artificiels (fongicides, herbicides, insecticides, etc.), les marées vertes servent d'alerte visible pour une pollution sœur, quasi invisible celle-là, causée par les pesticides rémanents, qui diffusent aussi bien dans l'eau que dans l'air.
Le diagnostic de cette maladie environnementale ayant été clairement posé, la guérison n'interviendra que si l'on parvient à définir une médication efficace, et si notre société accepte d'avaler la médication plutôt que de se cantonner à des placebos dispendieux et inefficaces. Le fait que l'activité privée, qui génère principalement les marées vertes soit disjointe de celle qui en souffre, prive le système d'une régulation naturelle automatique. L'établissement de réglementations, censées rétablir cette régulation par un contrôle externe, a perpétué ce

manque de rétroaction, puisque dans les faits les changements ont été conseillés, et non imposés, et que c'est la société en général qui en a financé au moins la moitié.
Ce livre a essayé de montrer que l'examen d'un phénomène initialement très localisé, somme toute assez banal et facile à comprendre (une alimentation trop riche provoque une indigestion de l'écosystème), permet assez vite de s'évader du strict cadre scientifico-technique, en démasquant les effets pervers d'un progrès technique pourtant réel, et la paralysie de la société livrée aux conflits d'intérêts et de pouvoirs. En remontant vers ses causes, et en identifiant l'azote plutôt que le phosphore, et les campagnes plutôt que les villes, l'analyse des marées vertes a indéniablement dépassé le cadre technique de l'action contre une pollution locale, et a acquis une dimension sociétale très visible, en appelant à d'importantes révisions du modèle productiviste. Sans baisse très marquée des apports azotés dans l'environnement, il n'y a aucune raison d'espérer, au vu des connaissances actuelles, une diminution notable des marées vertes dans les sites sensibles, tant en France qu'en Europe ou en Chine.

Les marées vertes ont souvent inspiré les dessinateurs humoristes, qui ont moqué à l'occasion les attitudes irrationnelles, voire irresponsables, de notre société. Comme Jean de la Fontaine, ils ont vu sur nos estrans souillés des animaux étranges au comportement finalement bien humain : à Nono l'autruche, à Goutal les vénérables sangliers !
Palmer, le célèbre détective du dessinateur René Pétillon, a choisi la Bretagne, son élevage industriel porcin et ses algues vertes, pour sa quinzième enquête, en septembre 2013. On lui laissera le mot de la fin, quand se prenant pour Dieu, il dit aux algues vertes : « Ne croissez pas et ne vous multipliez pas ! ».

Échouage d'ulves en laisse de haute mer sur la plage de Lermot en baie de Saint-Brieuc

40 clés pour comprendre

Comment lutte-t-on contre les marées vertes ? 47

Comment la société perçoit-elle les marées vertes ? 67

Les marées vertes, face visible de l'eutrophisation marine 89

Algues vertes (*Ulva rigida*) dans la lagune de Sacca di Goro (Italie)

Glossaire

Adsorber : fixer de façon réversible des molécules dissoutes sur une surface solide.

Alternance de phases : se dit d'espèces végétales ou animales qui existent sous deux ou plusieurs formes, qui se génèrent l'une l'autre en alternance. Ces phases sont souvent très différentes d'aspect, mais ce n'est pas le cas chez les algues vertes ulvacées, dont les deux phases sont quasiment indiscernables à l'œil.

Anaérobiose, anaérobie : caractérise un système où la vie peut exister en l'absence de dioxygène.

Atterrage : endroit du rivage où un objet flottant (navire, algue, etc.) touche terre.

Benthique, benthos : se dit des organismes ou des phénomènes se situant dans ou sur les fonds aquatiques.

Chlorophycées : classe des algues vertes.

Conchyliculture : élevage de coquillages marins bivalves (huîtres, moules, palourdes...).

Cyanobactéries : embranchement de bactéries, autrefois appelées « algues bleu-vert » car possédant des pigments colorés (chlorophylles, phycocyanine et phycoérythrine). Certaines sont capables de fixer le diazote gazeux, certaines sécrètent des toxines dangereuses pour les animaux et l'homme.

Endogé : se dit d'un organisme ou d'un objet qui se situe sous le niveau du sol terrestre.

Épiphyte (épiphytisme) : se dit d'un organisme vivant fixé sur un végétal. L'épiphytisme est le fait de vivre fixé sur un végétal.

Étiage : désigne le niveau le plus bas atteint dans l'année par un cours d'eau ; le débit d'étiage constitue le débit minimum annuel du cours d'eau.

Eutrophisation : enrichissement de l'eau en éléments nutritifs, notamment en azote et/ou phosphore, provoquant un développement accéléré d'algues et/ou de végétaux d'espèces supérieures perturbant l'équilibre des organismes présents dans l'eau et dégradant sa qualité.

Exsudat : substance excrétée à l'extérieur d'un organisme à la manière de la sueur.

Faucarder (faucardeur) : couper et exporter les végétaux encombrant les zones humides.

Gamétophyte : chez les algues (les ulvacées par exemple), il y a souvent une succession annuelle de 2 formes vivantes

Ulves accumulées sur le fond de la lagune de Sacca di Goro (Italie)

différentes de la même espèce. La première, appelée sporophyte et dotée de 2 lots de chromosomes (diploïde), produit des spores à 1 lot de chromosomes (haploïde) qui engendrent la seconde forme, le gamétophyte. Celui-ci est soit mâle, soit femelle, et produit des gamètes haploïdes qui redonneront après fécondation le sporophyte.

Limnologiste : scientifique spécialiste des milieux d'eau douce.

Mytiliculture : élevage de moules, fixées sur des poteaux en bois enfoncés dans le sédiment (bouchots) ou sur des cordes suspendues dans l'eau.

Nitrophile : se dit d'un végétal qui nécessite beaucoup d'azote pour sa croissance. En dehors des algues vertes marines, on peut citer, parmi les plantes terrestres, l'ortie, l'oseille, le lierre.

Nutriment : substance, en général dissoute dans l'eau sous forme de petites molécules ionisées, qui contient certains des éléments chimiques indispensables à la production de matière organique par les végétaux. Dans l'eau de mer, les plus importants en masse sont les carbonates (contenant le carbone), les nitrates (contenant l'azote), les phosphates (contenant le phosphore) et les silicates (contenant le silicium).

Osmoprotection : vient du terme osmose (diffusion d'un solvant depuis un milieu peu concentré en soluté vers un autre plus concentré, dont il est séparé par une membrane imperméable au soluté) ; caractérise le pouvoir de certaines petites molécules organiques de pouvoir être absorbées par certains organismes vivants pour augmenter leur concentration interne en substances dissoutes et contrebalancer l'effet desséchant d'un milieu externe très salé.

Pélagique, pélagos : se dit des organismes ou des phénomènes se situant dans la colonne d'eau des milieux aquatiques.

Rapport de Redfield : rapport d'abondance moyen observé entre les éléments chimiques principaux de la matière organique du phytoplancton océanique. En 1934, Redfield a mesuré un rapport moyen C/N/P = 106/16/1 (en nombre d'atomes).

Tangue : sédiment qui se dépose à haute mer sur les vasières littorales et qui mêle des débris coquilliers calcaires à des limons et argiles.

Tétrasporophyte : chez les algues rouges, il peut y avoir succession annuelle de trois formes vivantes différentes de la même espèce. Deux sont diploïdes (à deux lots de chromosomes) et sont appelés sporophytes : le premier, ou carposporophyte, produit des spores diploïdes, qui engendrent le second ou tétrasporophyte. Ce dernier produit des spores haploïdes (à un 1 lot de chromosomes), qui engendreront la troisième forme, le gamétophyte. Celui-ci est soit mâle, soit femelle, et produit des gamètes haploïdes qui redonneront après fécondation le premier sporophyte.

Thalle : appareil végétatif sans tiges, ni feuilles, ni racines des macroalgues (mais aussi des champignons et des lichens).

Ulvacées : famille de chlorophycées apparentées à l'ulve.

Upwelling : terme anglais désignant une remontée d'eaux océaniques profondes vers la surface, s'établissant près des bords ouest des continents sous l'effet de vents longitudinaux orientés des pôles vers l'équateur. Riches en nutriments, ces remontées d'eau froides génèrent une production intense de phytoplancton, qui approvisionne la chaîne alimentaire.

Pour en savoir plus

Articles scientifiques

Aquilina L., Vergnaud-Ayraud V. *et al.*, 2012. Nitrate dynamics in agricultural catchments deduced from groundwater dating and long-term nitrate monitoring in surface- and groundwaters. *Sci. Tot. Environ.*, 435-436, 167-178.

Diaz M., Darnhofer I., Darrot C., Beuret J.-E., 2013. Green tides in Brittany: what can we learn about niche–regime interactions? *Environ. Innov. Soc. Trans.*, 8, 62-75.

Diaz R.J., Rosenberg R., 2008. Spreading dead zones and consequences for marine ecosystems. *Science*, 321, 926-929.

Hu C., Li D., Chen C., Ge J., Muller-Karger F.E., Liu J., Yu F., He M.-X., 2010. On the recurrent *Ulva prolifera* blooms in the Yellow Sea and East China Sea, *J. Geophys. Res.*, 115, C05017, doi:10.1029/2009JC005561.

Ménesguen A., Piriou J.-Y., 1995. Nitrogen loadings and macroalgal (*Ulva* sp.) mass accumulation in Brittany (France). *Ophelia*, 42, 227-237.

Pergent G., Ben Maïz N., 2001. Le lac Nord de Tunis: exemple de restauration d'une lagune méditerranéenne, *in*: Drévès L. *et al.* (eds), 2001. *Restauration des écosystèmes côtiers* (Brest, 8-9 novembre 2000). Éditions Ifremer, Actes de Colloques, 29, 168-178.

Perrot T., Rossi N., Ménesguen A., Dumas F., 2014. Modelling green macroalgal blooms on the coasts of Brittany, France to enhance water quality management. *J. Mar. Syst.*, 132, 38-53.

Rabalais N.N., Diaz R.J., Levin L.A., Turner R.E., Gilbert D., Zhang J., 2010. Dynamics and distribution of natural and human-caused coastal hypoxia. *Biogeosciences*, 7, 585-619.

Sfriso A., Facca C., 2007. Distribution and production of macrophytes and phytoplankton in the lagoon of Venice: comparison of actual and past situation. *Hydrobiologia*, 577, 71-85.

Smetacek V., Zingone A., 2013. Green and golden seaweed tides on the rise. *Nature*, 504 (7478), 84-88.

Ye N., Zhang X., Mao Y., Liang C., Xu D., Zou J., Zhuang Z., Wang Q., 2011. Green tides are overwhelming the coastline of our blue planet: taking the world's largest example. *Ecol. Res.* 26, 477-485.

Rapports et ouvrages

Aurousseau P., Ménesguen A., Baert A., Hervé-Fournereau N., Le Goffe P., 2009. Communiqué sur les marées vertes du Conseil scientifique de l'environnement de Bretagne (CSEB) - *http://www.cseb-bretagne.fr/index.php/component/remository/func-startdown/73/?Itemid=167*

Lemoine M., Piriou J.-Y., Ménesguen A., 2010. Le rôle historique de l'Ifremer dans l'étude des marées vertes. Rapport Ifremer pour le ministère de l'Environnement : RST.LER/FBN-10-013-CC

Ménesguen A., 2003. Les « marées vertes » en Bretagne, la responsabilité du nitrate. Rapport Ifremer, 12 p. *http://archimer.ifremer.fr/doc/2003/rapport-143.pdf*

Ménesguen A., Aurousseau P., Dion P., Durand P., 2011. À propos des marées vertes : allégations et réponses scientifiques - *http://www.cseb-bretagne.fr/index.php/component/remository/func-startdown/96/?Itemid=167*

Ménesguen A. *et al.*, 2001. L'eutrophisation des eaux marines et saumâtres en Europe, en particulier en France. Rapport Ifremer pour la Commission européenne - DG.ENV.B1 - *http://archimer.ifremer.fr/doc/2001/rapport-22.pdf*

Ménesguen A., 2014. Eutrophisation du milieu marin. Chapitre 4, pp. 187-291, *in* : *Vulnérabilité du système océanique*, Monaco A. et Prouzet P. (eds), Éditions ISTE, Londres (UK), 392 p.

Chevassus-au-Louis B., Femenias A., Andral B., Bouvier M., 2012. Bilan des connaissances scientifiques sur les causes de prolifération de macroalgues vertes. Application à la situation de la Bretagne et propositions. Rapport de la mission inter-ministérielle CGEDD-CGAAER, 147 p. - *http://cgedd.documentation.developpement-durable.gouv.fr/documents/cgedd/007942-01_rapport.pdf*

Guyomarc'h J.-P., Le Foll F., 2011. Les marées vertes en Bretagne : pour un diagnostic partagé, garant d'une action efficace. Rapport du Conseil économique, social et environnemental de la Région Bretagne (Ceser), 34 p. - *http://www.bretagne.bzh/upload/docs/application/pdf/2012-03/rapport_algues_vertes_sans_couverture_v2.pdf*

Pinay G., Gascuel C., Ménesguen A., Souchon Y., Le Moal M. (coord.), Levain A., Moatar F., Pannard A., Souchu P., 2017. L'eutrophisation : manifestations, causes, conséquences et prédictibilité. Synthèse de l'expertise scientifique collective CNRS-Ifremer-INRA-Irstea, France, 148 p. - *http://www.cnrs.fr/inee/communication/breves/docs/Eutrophisation_synthese.pdf*

Pages Web

Documents divers sur les marées vertes de Bretagne collectés par le site Bretagne Environnement - *http://www.bretagne-environnement.org/mots-cles/Mer-et-littoral/Marees-vertes*

Résumés des présentations faites lors de la séance de l'Académie d'agriculture de Paris dédiée aux marées vertes de Bretagne le 30 novembre 2011 - *https://www.academie-agriculture.fr/actualites/academie/seance/academie/les-algues-vertes-sur-le-littoral-breton?301111*

Documents sur le déroulement du Plan de lutte contre les algues vertes - *http://www.prefectures-regions.gouv.fr/bretagne/Documents-publications/Plan-de-lutte-contre-les-algues-vertes-2017-2021*

Documentation du Ceva (Pleubian, 22) sur la surveillance pluriannuelle des marées vertes de Bretagne - *http://www.ceva.fr/fre/MAREES-VERTES*

Analyse du phénomène de « marées vertes » par l'association Eau et Rivières de Bretagne - *http://www.eau-et-rivieres.asso.fr/index.php?100/561*

Vidéos

Conférence grand public sur les marées vertes donnée par Alain Ménesguen le 13 mars 2013 à l'Ifremer, centre de Bretagne - *http://wwz.ifremer.fr/webtv/Conferences/Marees-vertes*

Conférences diverses sur la qualité de l'eau données à l'occasion des salons « Carrefour des gestions locales de l'eau » (CGLE) organisées annuellement à Rennes - *http://www.cseb-bretagne.fr/index.php/conferences/carrefour-de-l-eau.html*

Crédits iconographiques

Agence des aires marines protégées : table des matières (bas 4), p. 50 (Philippe Gredat)
Agence Bretagne Presse : p. 81 (Philippe Argouarch)
Agence France Presse : couverture/plat 4 : vignette 3, p. 12 et 45 (STR), 48 (Fred Tanneau), 71 haut (Damien Meyer)
Agence photographique SIPA : p.19 (Leng Shui/Color China photo/SIPA)
Association Baie de Douarnenez Environnement : p. 4, 26, 29 haut, 32, 42, 55, 61, 69, 79
Association Eau et Rivières de Bretagne : p. 66
Joël Auvin (dit Nono, dessinateur) : p. 11, 109
Brest Métropole Océane (BMO) : p. 49 (Florence Sénéchal)
Luc Brient : table des matières (bas 3), p. 93, 96
Centre de documentation, de recherche et d'expérimentations sur les pollutions accidentelles des eaux (Cedre) : p. 91
Centre d'étude et de valorisation des algues (Ceva) : p. 17, 29 bas, 73, 77 (graphiques repris par Ifremer/Pierre Bodénès)
Chambres d'Agriculture de Bretagne : p. 63
Gipreb Syndicat mixte Berre l'étang : 51 (Annick Amabile)
Alain Goutal : p. 108
Jean-Paul Guyomarc'h : p. 10, 41, 43
Ifremer : couverture/plat 4 et table des matières : vignette haut (Olivier Barbaroux), p. 14, 52, 59, (graphiques repris par Pierre Bodénès), p. 21 haut gauche (Olivier Barbaroux), p. 101 (Catherine Belin)
Légendes Cartographie : p. 99, 100 (reprise de cartes)
Yves-Marie Le Lay : p. 70
Minyvel Environnement (Yves Le Médec) : p. 88, 90
Corentin Morvan : p. 38, 39
Sean Nash : p. 21 (bas droite)
SFEPbancourt/www.flickr.com/photos : p. 23
Adriano Sfriso : p. 18 (carte)
SIB Magallanes : p. 21 (bas gauche)
Syndicat mixte des bassins Èvre-Thau-Saint-Denis (SMIB) : p. 92
Le Télégramme : couverture/plat 1, couverture/plat 4 : vignette haut, table des matières : vignettes 1-2, p. 6 et 46 (Claude Prigent), 71 bas (Cyril Frionnet, 090820TGB812), 75 (Christian Le Beuze), 85 et 110 (Claude Prigent)
Pierluigi Viaroli : couverture/plat 4 : vignette centre, p. 15, 18, 113, 115
Wikimedia Commons : p. 31 (The Supermat), 21 haut droite (B. Navez)

Élaboration du projet, édition et coordination
Nelly Courtay

Couverture et mise en page
Clarisse Robert - PAGISSIME

Impression
FINIDR (République tchèque)

Dépôt légal : janvier 2018